VERSUS

W0033834

Flurin Capaul
Marc Schwitter

Let's Link!

**Kunden gewinnen
mit Social Selling
und Storytelling
auf LinkedIn**

Versus · Zürich

Bibliografische Information der Deutschen Nationalbibliothek

Die Deutsche Nationalbibliothek verzeichnet diese Publikation in der
Deutschen Nationalbibliografie; detaillierte bibliografische Daten
sind im Internet über http://dnb.dnb.de abrufbar.

Weitere Informationen über Bücher aus dem Versus Verlag unter
www.versus.ch

© 2019 Versus Verlag AG, Zürich

Umschlagbild und Kapitelillustrationen: Thomas Woodtli · Witterswil
Satz und Herstellung: Versus Verlag · Zürich
Druck: CPI books GmbH · Leck
Printed in Germany

ISBN 978-3-03909-311-3

Für J. S., den besten Kundenberater der Welt.
– Marc Schwitter

Für meine Deutschlehrer, die mich mit Aufsätzen geplagt haben.
– Flurin Capaul

Inhalt

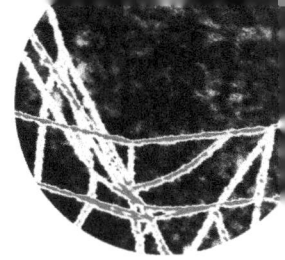

Einleitung

«Lesen bildet.» (Deutsches Sprichwort)
«Wir erinnern uns an zehn Prozent von dem,
was wir lesen.» (William Glasser)

Wenn wir diese zwei Zitate betrachten, dann müsste
das vorliegende Buch tausend Seiten dick sein, damit
der Inhalt von hundert Seiten in Erinnerung bleibt.

Wir haben uns für einen anderen Ansatz
entschieden.

Unser Buch soll pragmatisch und direkt anwendbar
sein. Konzentrieren wir uns auf das Wesentliche:

Vor wenigen Jahren waren die beruflichen Online-
Netzwerke wie Xing und LinkedIn eine Art Ablage
für Visitenkarten. Anstatt mühsam seine Kontakte von
Hand zu pflegen und am Ende des Jahres in die neue
Agenda zu übertragen, konnte man das online elegant
erledigen. Man pflegte nur noch sein eigenes Profil.
Alle Kontakte hatten stets Zugriff auf aktuelle Daten.

Daneben findet aber eine viel spannendere Entwicklung statt: Neben der Kontaktverwaltung setzen sich

neue Anwendungsbereiche durch – Recruiting, Stellensuche, Influencer Marketing und Social Selling werden immer wichtiger.

In diesem Buch konzentrieren wir uns auf Social Selling für Firmen. Wir zeigen, wie Sie im Firmenkundengeschäft neue Kunden finden und diese überzeugen.

Allein der Name Social Selling nimmt das Wichtigste vorweg: Es dreht sich alles um Beziehungen. Neu ist, dass Sie einen Teil dieser Beziehungspflege und -entwicklung online erledigen und somit einen größeren Kundenkreis ansprechen können.

Dieses Buch bietet eine Anleitung zum Selbermachen. Wieso? Weil Sie als Start-up-Unternehmer, Verkaufsleiter einer Firma oder Inhaber eines KMU das Gesicht Ihres Unternehmens sind. In gewisser Hinsicht sind *Sie* das Unternehmen. Das heißt, Ihre Stimme und Ihre Geschichte prägen das Unternehmen und beeinflussen, wie dieses wahrgenommen wird.

Weil Ihre Beziehungen im Vordergrund stehen, empfehlen wir immer, dass Sie sich persönlich um Social Selling kümmern und dieses Instrument nicht an eine Agentur auslagern. Außer Sie geben sich zufrieden, wenn Ihr Unternehmen mit generischen Sätzen wie diesem repräsentiert wird: «Unser Fokus liegt nicht nur auf der Verbesserung des Kundennutzens, sondern gleichwohl in der Transformation des gesamten Kundenerlebnisses.» Das ist dann allerdings eher Spam und kein Social Selling.

Im vorliegenden Buch haben wir unsere Erfahrung sowie das Feedback aus vielen Veranstaltungen zusammengefasst und in sieben Kapitel gegliedert.

Im ersten Kapitel wenden wir uns Ihrem Profil zu und zeigen, wie Sie ein Profil entwickeln, welches Aufmerksamkeit auf professionelle Art und Weise weckt.

Anschließend vertiefen wir das Thema Storytelling. Gute Inhalte reichen heute nicht mehr, man muss sie auch gut erzählen, als Grundlage für den Erfolg in der Kundenpflege und -akquise.

Weiter geht es mit einer Einführung ins Thema Social Selling und in die Grundlagen für die Positionierung von Ihnen und Ihrer Firma. Wer versteht, wie man sich klar positioniert, hat eine gute Ausgangslage, um Kunden zu erreichen.

Wir zeigen konkret auf, was das nun für Sie auf LinkedIn bedeutet und wie Sie die Plattform nutzen, um Social Selling zu betreiben. Weiter geben wir Ihnen noch ein paar grundlegende Werkzeuge für das Feilen an Ihren Texten mit.

Das letzte Kapitel bringt alles zusammen und zeigt die verschiedenen Methoden des Social Selling auf. Ziel hier ist es, Ihnen zu neuen Kunden zu verhelfen.

Wir wünschen viel Spaß beim Lesen und – noch wichtiger – beim Ausprobieren!

Flurin Capaul und Marc Schwitter

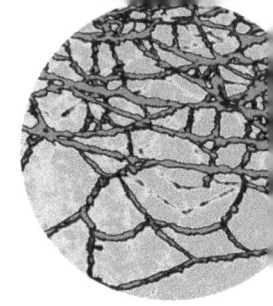

Das LinkedIn-Profil

«Because you never get a second chance
to make a first impression.»
Head & Shoulders,
Anti-Schuppen-Shampoo-Werbung

Die Visitenkarte der physischen Welt entspricht Ihrem
Profil auf LinkedIn. So wenig, wie Sie eine abgegriffene
Visitenkarte übergeben würden, so unpassend ist ein
nicht gepflegtes Profil. Dies ist der wichtigste Eckpfeiler
für Ihre Online-Reputation. Es ist immer wieder über-
raschend zu sehen, wie schlecht gewisse Profile gepflegt
sind. Das ist schade. Denn der Preis, um sein Profil zu
pflegen, ist verschwindend klein. Ihre Visitenkarten
wurden wahrscheinlich auch von einem Grafiker erstellt
und nicht von Ihnen selber im Paintbrush gestaltet.

Ihre Online-Reputation ist wichtig. Sie verleiht
Ihrem Profil – und dadurch auch Ihnen – Glaubwürdigkeit. Ohne Glaubwürdigkeit wird die Vertrauensbildung
bedeutend erschwert. Das Ziel von Social Selling ist es,

Beziehungen aufzubauen und zu pflegen. Wie im realen Leben geht das nicht ohne Vertrauen.

Gestalten Sie Ihr Profil ansprechend. Wenn Sie unsicher sind, dann fragen Sie am besten ein paar Personen aus dem für Sie relevanten Umfeld. Die meisten Personen werden Ihnen ein offenes Feedback geben.

Foto

«There are no bad pictures; that's just
how your face looks sometimes.»
Abraham Lincoln

Das offensichtlichste Element Ihres Profils ist ein gutes
Foto von Ihnen. Was heißt gut? Die Meinungen gehen in
diesem Punkt auseinander. Von Diskussionen, ob man
im Profil nach rechts oder links blicken soll, ob gelächelt
werden darf oder nicht, lassen wir die Finger.

Gehen Sie zum Fotografen Ihres Vertrauens und
geben Sie ein paar Franken, Euros oder Bitcoins
aus. Die Investition macht sich schnell bezahlt, und Sie
können diese Fotos auch anderweitig wieder verwenden.
Aus offensichtlichen Gründen raten wir vom iPhone-
Schnappschuss mit Blumenkette um den Hals ab. Es sei
denn, Sie sind als Animateur in einem Ferienclub auf
Hawaii tätig. Das wäre stimmig. Wir vermuten aber, dass
Sie dann dieses Buch nicht lesen würden.

In unseren Kursen gibt es teilweise heftige Diskussionen, was nun wirklich ein gutes Foto ist und
was nicht. Unsere Regel lautet: Zielen Sie auf «good
enough» ab.

Wir selber haben noch nicht erlebt, dass sich mehr
als etwa sechzig Prozent der Kursteilnehmer für ein
«gutes Foto» eines Profils begeistern ließen. Das heißt,
dass der Aufwand für ein Foto, das alle Menschen
begeistern würde, unverhältnismäßig hoch ist. Tun Sie

sich deshalb einen Gefallen und machen Sie keine großen Experimente. Sie können sich zu einem späteren Zeitpunkt immer noch austoben.

▶ *Beim Foto gilt: Gut ist gut genug!*

Hintergrundbild

«You don't take a photograph, you make it.»
Ansel Adams

Mindestens so wichtig wie Ihr Porträtfoto ist das Hintergrundbild. Wenn Sie sich durch die Profile durchklicken, werden Sie viele entdecken, bei denen kein Hintergrundbild aufgeschaltet ist. Das wirkt etwas achtlos und ist eine vergebene Chance, einen guten Eindruck zu hinterlassen.

Viele Hintergrundbilder sind sich ähnlich; so sind beispielsweise Bergpanoramen sehr beliebt. Vergeben Sie keine Chance, sich von den anderen abzuheben! Auch wenn Sie gerne bergsteigen, es wird viele andere Personen geben, die diese Leidenschaft teilen. Auch Ihr selbstgemachtes iPhone-Bild vom Matterhorn fällt ab im Vergleich zum Profifoto.

Wenn Sie schon etwas Allgemeineres verwenden möchten, schauen Sie sich beispielsweise auf einer Plattform wie unsplash.com um und suchen Sie ein möglichst hochauflösendes Foto. Noch besser ist es, wenn Sie den Porträtfotografen, den Sie gebucht haben, gleich noch bitten, ein paar andere Fotos zu schießen. Beispielsweise Sie am Laptop, Ihre Hände beim Schreiben oder Sie und Ihr Team bei einer Besprechung. So haben Sie Fotos, welche garantiert einmalig sind und vielfältig wiederverwendet werden können.

Das Nonplusultra ist die Abstimmung Ihres Profil-
fotos auf Ihr Hintergrundbild. Wenn Sie Präsident
der Vereinigten Staaten von Amerika sind, dann könnte
ein Hintergrundbild mit dem Weißen Haus ein stim-
miges Bild geben. Oder als Inhaber einer Transportfirma
wählen Sie Ihr Team und Ihre Fahrzeugflotte für den
Hintergrund.

Ganz Mutige gestalten den ganzen Auftritt so, dass
Bildsprache und Design des Hintergrundes sich mit
ihrem Porträtfoto zu einer Gesamtkomposition zusam-
menfügen. Ein gelungenes Beispiel dafür war eine
Person, die auf dem Porträtfoto einen Pfirsich in die
Luft warf und ihn auf dem Hintergrundbild zu fangen
schien. Aber aufgepasst, das ist eher etwas für Fort-
geschrittene. Es empfiehlt sich, zur Unterstützung
jemanden mit einem Auge für Grafik und Design beizu-
ziehen.

Wenn Sie keine Idee haben, beginnen Sie mit Ihrem
Firmen- oder Produktlogo. Das passt in allen Fällen
zu Ihrem Business-Profil. Sie können es später immer
noch austauschen und Ihr Profil weiterentwickeln.
Wichtig ist: Alles wirkt besser als gar kein Hintergrundbild!

▶ *Beginnen Sie mit dem Logo Ihrer Firma*
als Hintergrundbild.

Headline

Die Headline (auch Profil-Slogan genannt) ist nach dem Foto das wichtigste Element in Ihrem Profil. Fast überall, wo Ihr Profil auftaucht, wird auch diese Headline eingeblendet. Eine gute Headline weckt das Interesse der Person, die sie liest, ähnlich wie bei einem Zeitungsartikel.

Standardmäßig erscheint in der Headline Ihre aktuellste Position. Wenn Sie also eingetragen haben, dass Sie aktuell Buchhalter bei der Firma Müller & Meier AG sind, dann wird das so übernommen. Um das zu ändern, müssen Sie Ihre Headline selber anpassen.

Was sollen Sie nun also mit knapp zweihundert Zeichen reinschreiben? Zielen Sie darauf ab, bei Ihren potenziellen Kunden Aufmerksamkeit zu wecken.

Beispiel: Sie entwickeln mit Ihrer eigenen Firma Software für Krankenkassen. Typischerweise würde dann in der Headline Ihres Profil so etwas stehen wie «Inhaber ABC GmbH» oder «Softwareentwickler».

Wenn Sie nun kurz den Blickwinkel wechseln und Ihr Profil mit anderen Augen anschauen: Wäre Ihnen klar, was Sie tun und anbieten? Wir mögen Ihnen von Herzen gönnen, dass Sie selbstständig sind und Inhaber der Firma ABC GmbH, aber leider sind Aussagekraft und Nutzen einer solchen Bezeichnung für Ihre möglichen Kunden sehr beschränkt.

Ebenso im zweiten Fall: Dass Sie Softwareentwickler sind, zeugt von einem Studium und einer höheren Abstraktionsfähigkeit. Allerdings reizt es weder potenzielle Kunden noch Arbeitgeber, Ihr Profil genauer anzusehen, weil die Bezeichnung schlichtweg zu allgemein ist.

Formulieren Sie Ihre Headline so, dass potenzielle Kunden oder Arbeitgeber sofort wissen, wo der Mehrwert Ihrer Tätigkeit liegt, und auf Sie aufmerksam werden. Beispiel: «Abrechnungssoftware für Krankenkassen» oder «Java-Softwarearchitekt für Krankenkassensoftware». So ist jedem, der für Sie interessant ist, klar, um was es geht. Es spielt keine Rolle, wenn nicht jedermann versteht, was Sie eigentlich tun, solange alle, die für Sie wichtig sind, es nachvollziehen können.

Wenn Sie in der Hotel- und Gastronomiebranche Zulieferer für feinsten Thunfischbauch sind, dann reicht es aus, wenn in der Headline steht «Himmlischer Otoro» (Otoro ist das besonders schmackhafte Bauchfleisch des Thunfischs). Profi-Einkäufer von Gastrobetrieben werden sofort begreifen, was Sie anbieten. Die Wahrscheinlichkeit, dass diese auf Ihr Profil klicken, um mehr von Ihnen zu erfahren, ist groß. Wenn der Buchhalter einer Großfirma nicht versteht, was Sie anbieten, kann Ihnen das relativ egal sein. Er wird nie Ihr Kunde werden.

Es gibt die unterschiedlichsten Wege, wie Sie sich und Ihre Produkte oder Dienstleistungen anpreisen können. Wichtig ist, dass Sie sich klar positionieren und, wie mehrfach erwähnt, das Interesse von potenziellen Kunden und Arbeitgebern wecken. Mehr dazu erfahren Sie im Kapitel «Positionierung & Vision: Wo Ihre Story beginnt» (Seite 63).

Fokussieren Sie sich nicht unbedingt auf wohlklingende Titel, sondern auf eine klare Nachricht an mögliche Kunden oder Partner. Als abschreckendes Beispiel sind vor allem die Profile von Angestellten internationaler Konzerne zu erwähnen. «Global Head of Client Dialogue Strategy» oder «Lean Avantgardist» sind Beispiele aus unserem Alltag. Vielfach sind das Titel, welche nur innerhalb des Unternehmens Sinn machen oder in einer spezialisierten Community. Leider sind diese Titel für Außenstehende selten nachvollziehbar und somit für Kunden, Partner oder Arbeitgeber uninteressant. Schade, wenn Sie so einfach eine Chance auf Aufmerksamkeit vergeben!

▶ *Die Headline sollte den Nutzen für Ihren Kunden beschreiben und nicht Ihre Tätigkeit.*

Akademische Titel

«Der Zweck heiligt die Titel.»
Manfred Hinrich

Je nach Studienrichtung dauert es ein paar Jahre, bis Sie sich beispielsweise Doktor (Ph.D.) nennen dürfen.
Je nach Land wird das dann auch Teil Ihres offiziellen Namens.

In gewissen Branchen sind Titel immer noch von großer Wichtigkeit. Wenn Sie eine Karriere in der Forschung anstreben, ist ohne Ph.D. nicht viel zu wollen. Trotzdem ist die Empfehlung hier, sich auf möglichst wenige, dafür auf die wichtigen Titel zu konzentrieren. Wer mehrere Titel trägt, der wirkt – Sie entschuldigen die Ausdrucksweise – affig.

Verzichten Sie darauf, den zweiwöchigen Kurs, den Sie an einer Business School absolviert haben, mit Stolz aufzuführen. Sie verlieren dadurch an Glaubwürdigkeit. Erwähnen Sie in Ihrem Profil nur Titel, welche wirklich relevant sind für Ihre Branche.

▶ *Lieber nur einen Titel aufführen,*
  dafür den richtigen.

Ausbildung und Arbeitgeber

«Es gibt nur eins, was auf Dauer teurer ist
als Bildung: keine Bildung.»
John F. Kennedy

Der Besuch der Primarschule 1983 in Sumiswald mag
ein prägendes Erlebnis in Ihrem Leben sein. Für die
meisten Besucher Ihres Profils wird das allerdings nur
von untergeordneter Bedeutung sein. Für die Ausbildung und die Auflistung Ihrer bisherigen beruflichen
Tätigkeiten halten Sie sich am besten an die gängigen
Regeln für Lebensläufe.

Wesentlich ist allerdings, dass Ihre wichtigste
Ausbildung direkt in Ihrer Profilübersicht angezeigt
wird. Wenn Sie nichts einstellen, wird automatisch
die letzte Ausbildung übernommen. Unter Umständen
ist aber Ihr Masterabschluss vor zehn Jahren wichtiger
als Ihr CAS, das Sie Ende letzten Jahres erhalten haben.

Für Ihre beruflichen Stationen gilt, dass die
aktuellste im Profil aufgeführt wird. Viel zu optimieren
gibt es hier nicht. Spannend hingegen ist die Frage für
Personen, die in mehreren Firmen tätig sind (Unternehmer oder Teilzeitmitarbeiter). Hier sollte die wichtigste Tätigkeit in der Profilübersicht erscheinen.

Immer wieder diskutiert wird die Frage, ob man
Praktika aufführen sollte. Als vierzigjähriger Professional
mit fünfzehn Jahren Berufserfahrung macht das keinen

Sinn. Wenn Sie aber kurz vor dem Abschluss Ihres
Studiums stehen und sich auf die Suche nach einem Job
machen, dann ja.

► *Besser nur drei relevante Stellen Ihrer beruflichen
Laufbahn als eine feinsäuberliche Auflistung Ihres
gesamten Berufslebens.*

Summary & Medien

«The employer generally gets
the employees he deserves.»
Jean Paul Getty

Die Zusammenfassung (Summary) erlaubt Ihnen, Ihrem
Profil ein paar Sätze hinzuzufügen. Schauen Sie sich
mal ein paar Profile an. Erstaunlich viele nützen diese
Möglichkeit nicht. Das andere Extrem sind die im
Pluralis Majestatis verfassten Texte, gespickt mit Worten
wie «entrepreneurial», «innovative» oder «over-
achiever».

Machen Sie sich bei der Zusammenfassung dieselben
Gedanken wie bei der Headline. Überlegen Sie sich,
wer Ihre Kunden oder Arbeitgeber sind, und formulieren
Sie so, dass deren Interesse geweckt wird.

Wenn Sie auf der Suche nach Kunden sind, dann
empfehlen wir, ein paar Sätze zu Ihrem Angebot
oder Ihren Produkten hinzuzufügen. Auch hier gilt es,
die Balance zwischen Werbung und gezielter Information zu finden. Wenn jemand bereits auf Ihr Profil
geklickt und Ihre Headline gelesen hat und nun noch
mehr wissen will, dann lohnt es sich, wenn er hier
weitere Informationen findet.

Ebenfalls selten genutzt wird die Möglichkeit, hier
ein paar Bilder, Videos oder Links hinzuzufügen.
Auch das lohnt sich. Nutzen Sie die Chance und zeigen

Sie eine Kurzübersicht zu Ihrer Firma oder eine spannende Case Study.

Gute Erfahrungen haben wir gemacht mit einem Bild-Export (z. B. PNG-Format) des Übersicht-Slides Ihrer Firma, dem sogenannten One-Pager. Etwas knackig aufgemacht (wenig Worte, selbsterklärende Bilder), ist die Wahrscheinlichkeit groß, dass ein Profilbesucher sich dieses anschaut und mehr über Ihre Firma, Ihr Produkt oder über Sie erfahren will.

Wie immer gilt: je stärker Sie Ihre Taten sprechen lassen, desto höher ist Ihre Glaubwürdigkeit. Eine gute Kundenstory oder ein (belegter) Projekterfolg, den Sie hier ausweisen, wirken viel stärker als alle in bestem Marketingdeutsch (oder -englisch) verfassten Ausschweifungen.

▶ *Nutzen Sie den Platz optimal und laden Sie ein ansprechendes Slide oder Video hoch.*

Kontakte und Follower

«Neue Technologie allein
ist noch kein neuer Umsatz.»
Martin Enderle

Auch ein perfektes Profil nützt Ihnen wenig, wenn Sie
keine Kontakte haben. Gewöhnen Sie sich an, dass
Sie im Anschluss an eine Besprechung oder ein Treffen
Ihre neuen Kontakte auf LinkedIn suchen und einladen.
Wenn Sie ganz frisch auf der Plattform unterwegs
sind, dann stöbern Sie ein bisschen rum. Sie werden
fündig bei alten Arbeitgebern, gemeinsamen Schulen
oder Freunden von früher. Innert einer kurzen Zeit
haben Sie dann eine genügende Anzahl Kontakte, um
interagieren zu können.

Wen sollen Sie in Ihr Netzwerk einladen? Hier
scheiden sich die Geister. Die einen klicken wie wild
darauf los und nehmen von Abu Dhabi bis Zimbabwe
jeden in ihrem Netzwerk auf. Solche Netzwerke
zeichnen sich zwar durch eine beeindruckende Größe
aus, ihnen fehlt allerdings meist das Engagement, das
für Social Selling matchentscheidend ist.

Unsere Empfehlung ist es, nur Personen zu akzeptieren, die Sie kennen (oder mal getroffen haben) und
bei denen Sie das Gefühl haben, sie könnten für Sie von
Interesse sein (z.B. potenzielle Kunden). Vor allem
ausländische IT-Outsourcing-Firmen sind teilweise sehr
penetrant. Wir ignorieren solche Anfragen konsequent.

Noch ein Wort zu Followern: Vereinfacht ausgedrückt, ist jeder Kontakt ein Follower, aber nicht jeder Follower ein Kontakt. Je berühmter (oder auch berüchtigter) Sie sind, desto mehr Leute wollen Ihnen folgen und sehen, was Sie für Beiträge teilen und veröffentlichen. Viel mehr Leute interessieren sich für Barack Obama, als er je persönlich treffen könnte. Als Follower kriegen Sie so mit, was der Ex-Präsident treibt, ohne dass Sie ein Kontakt sind. Seien Sie nicht enttäuscht: Der Barack wollte sich bis dato mit uns auch noch nicht «connecten».

Zum Schluss sei noch erwähnt, dass LinkedIn in seltenen Fällen als Datingplattform genutzt wird. Wir raten zur selben Professionalität, die man auch im physischen Geschäftsleben an den Tag legt. Sie schaden nur sich selber, wenn Sie – statt Kunden – Ehepartner suchen.

▶ *Ohne Kontakte hört niemand Ihre Botschaft.*

Mehrsprachige Profile

«Die ganze Kunst der Sprache besteht darin,
verstanden zu werden.»
Konfuzius

Wenn man in einer internationalen Branche tätig ist,
stellt sich schnell die Frage, wie man mit mehreren
Sprachen umgeht. Je nach Geschäftspartnern ist nicht
nur die Sprache unterschiedlich, sondern auch die
Schrift.

LinkedIn ermöglicht Ihnen, Ihr Profil in mehreren
Sprachen zu hinterlegen. Je nach Umfang kann das
etwas umständlich werden. Wir empfehlen folgendes
Vorgehen:

Entweder Sie schreiben alles auf Englisch. Damit
haben Sie mit geringstem Aufwand die größte Wirkung.
Allerdings werden Sie unter Umständen im Heimmarkt
den einen oder anderen abschrecken.

Oder Sie passen Headline und Summary für jede
Sprache individuell an. Es wirkt sympathischer und
glaubwürdiger, wenn Profilbesucher in ihrer Mutter-
sprache empfangen werden.

Der Aufwand für beide Vorgehensweisen hält sich
in Grenzen. Für Länder mit nichtlateinischen Alpha-
beten empfiehlt sich der Zuzug eines Übersetzers. Nicht
nur wegen der Sprache, sondern auch wegen kultureller

Eigenheiten, die sich unter Umständen nicht allen erschließen.

▶ *Die Sprache Ihrer Kunden wählen, im Zweifelsfall Englisch.*

Vanity URL

Jedes LinkedIn-Profil ist mit einer eigenen URL
versehen. Wenn Sie nichts unternehmen, ist diese mit
Ihrem Namen und einem alphanumerischen Kürzel
versehen:
www.linkedin.com/in/max-mustermann-801618153/

Sie können die URL anpassen, was eine Rolle spielt,
wenn Sie diese auf Drucksachen, E-Mail-Signaturen oder
Ähnlichem verwenden:
www.linkedin.com/in/maxmuster

Außer aus ästhetischen Gründen ist dies aber nicht
zwingend. Sie finden die Einstellung dazu in Ihrem
Profil.

► *Die dreißig Sekunden Aufwand für eine Vanity URL
kann man getrost investieren.*

Wozu der ganze Aufwand?

«Lange Rede, kurzer Sinn.»
Friedrich Schiller

Sie können sich zu Recht fragen: Wozu der ganze
Aufwand für ein einfaches Profil in einem Online-Netz-
werk? Alle Anwendungsfälle, die Sie umsetzen wollen,
funktionieren am besten, wenn Sie eine gute Online-
Reputation haben. Ihre Reputation ist direkt abhängig
von einem gepflegten und ansprechend gestalteten
Profil.

Das Ziel ist einfach: Millionen von Personen
(darunter mögliche Kunden) tummeln sich auf
LinkedIn. Wenn Sie es schaffen, mit Ihrem Profil
Interesse zu wecken, dann haben Sie einen neuen
Besucher. Mit wenig Aufwand haben Sie einen neuen
potenziellen Kunden erreicht, einen möglichen
Arbeitgeber gefunden oder einfach jemanden entdeckt,
der Ihre Beiträge mag.

▶ *Kleiner Aufwand, großer Nutzen.*

Die ersten zehn Schritte

«Pragmatismus ist die Alterssünde
der Philosophie.»
Peter Rudl

Für die ganz eiligen Leser soll das Wichtigste in zehn
Schritten zusammengefasst werden:

Schritt 1: Professionelles Profilfoto hochladen

Schritt 2: Hintergrundbild, das beispielsweise
das Firmenlogo oder ein Firmengebäude
abbildet, hochladen

Schritt 3: Headline setzen, die den Nutzen Ihrer Tätigkeit kommuniziert: «Die besten Mitarbeiter
für Ihr Geschäft»

Schritt 4: Ein paar Sätze zu Ihnen und vor allem zum
Angebot Ihrer Firma einfügen

Schritt 5: Letzte Ausbildung hinzufügen

Schritt 6: Akademische Titel auf die relevanten
reduzieren

Schritt 7: Medien zu Ihrem Profil hinzufügen (z. B. eine
Seite, die Ihr Angebot auf den Punkt bringt)

Schritt 8: Für Ihre Zielmärkte ein anderssprachiges
Profil aufschalten (oder zumindest Headline
übersetzen)

Schritt 9: Kontaktpersonen suchen und sich mit ihnen
vernetzen

Schritt 10: Liken, teilen und kommentieren

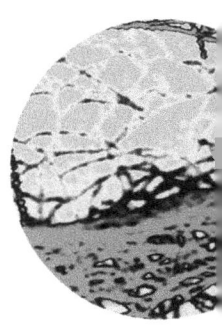

Storytelling:
Machen Sie noch Werbung
oder erzählen Sie schon?

«Marketing is no longer about the stuff
that you make, but about the stories you tell.»
Seth Godin, Autor und Unternehmer

Geschichten unterhalten, inspirieren und motivieren.
Sie vermitteln Information und Wissen. Gut erzählt,
machen sie süchtig nach mehr. All das, was gute
Werbung auch macht (oder machen sollte). Richtig
eingesetzt, wecken Geschichten Interesse bei Ihren
potenziellen Neukunden. Ihre Stammkunden bestärken
Sie in der Entscheidung, mit Ihnen zusammenzu-
arbeiten. Kurz: Geschichten steigern den Umsatz Ihres
Unternehmens.

In diesem Kapitel erfahren Sie, woher die Macht
der Geschichten kommt und wie Sie diese für Ihr Marketing einsetzen. Sie finden ein paar Tipps, wie und wo Sie

gute Geschichten für Ihr Unternehmen entdecken. Und Sie erhalten einige Instrumente, um Ihre Geschichte packend zu erzählen.

Vom Lagerfeuer zum LCD-Display

«Don't ever tell anybody anything.
If you do, you start missing everybody.»
J.D. Salinger

Geschichten fesseln die Menschen seit Jahrtausenden. In ihrer ursprünglichen Funktion dienten sie der Wissensvermittlung über Generationen hinweg. Heute haben sich Geschichten zu einem milliardenschweren Geschäft entwickelt. Denken Sie nur an Filme wie «Harry Potter», «Herr der Ringe» und die Blockbuster von Marvel oder an Autoren wie Stephen King und James Patterson. Was die Menschen damals am Lagerfeuer begeistert hat, zieht sie auch heute noch in den Bann, sei es im Kinosaal, auf dem E-Reader, und wenn sie sich mit ihrem Smartphone beschäftigen.

Weshalb sollte Sie das als Unternehmer, Marketingleiter oder CEO überhaupt interessieren? Vermutlich sind Sie nicht Hollywoodproduzent und auch kein Verleger. Die Antwort ist einfach: Eine gute Geschichte macht *den* entscheidenden Unterschied für Ihren Umsatz. Mit einer guten Geschichte überzeugen Sie Ihre Kunden nicht nur, Sie begeistern sie. Dadurch verkaufen Sie mehr, weil begeisterte Kunden jedem weitererzählen, wie toll Ihr Produkt, Ihre Dienstleistung oder Ihr Unternehmen ist. Das mit einer Überzeugung, die Ihr bester Verkäufer nicht aufbringt.

Mit einer starken Geschichte gewinnen Sie endlich klare Leitlinien, die Ihre Entscheidungen vereinfachen. Sie können bei jeder Idee entscheiden, ob sie zu Ihrer Geschichte passt oder nicht. Ihre Geschichte ist das beste Briefing für eine Werbeagentur.

Und das Beste: Mit einer starken Geschichte unterscheiden Sie sich kristallklar von Ihren Mitbewerbern. Sie ist das Alleinstellungsmerkmal (Unique Selling Proposition), das kein anderer kopieren kann, weil es zur DNA Ihres Unternehmens gehört.

▶ *Eine gute Geschichte erhöht Umsätze und spart Marketingkosten.*

Wie lautet Ihre Geschichte?

«Your brand is a story unfolding
across all customer touch points.»
Jonah Sachs

Stellen Sie sich ein Restaurant vor, das unter der Leitung eines Gourmetkochs steht. Seine Mitarbeitenden sind Menschen mit einem geistigen Handicap. Seine Vision: Der Welt zeigen, dass auch Menschen mit geistiger Einschränkung Kochkunst auf höchstem Niveau bieten können.

Ein Gastrounternehmen, das diese Geschichte erzählt, weckt Interesse und gewinnt Sympathie, bevor es den ersten Teller serviert hat. Es ist klar positioniert, hebt sich deutlich von seinen Mitbewerbern ab und verfolgt eine einfache, aber starke Vision.

Oder stellen Sie sich eine Unternehmensberatung vor: Anstatt nur von Change Management und Digitalisierung zu sprechen, setzt sie sich zum Ziel, Mitarbeitende des Kunden zu befähigen, zukünftige Herausforderungen selbst zu lösen. Ihre Vision: Wir sind die letzte Unternehmensberatung, die je einen Fuß in Ihr Unternehmen gesetzt hat.

Mit dieser klaren Positionierung hebt sich die Unternehmensberatung klar von ihren Mitbewerbern ab und baut auf einem gemeinsamen Interesse von Kunde und Unternehmen auf: die Weiterentwicklung der Firma.

Und Ihr Unternehmen? Wie lautet Ihre Geschichte? Herzliche Gratulation, wenn Sie mit einer vergleichbaren Story aufwarten können! Falls nicht, kein Grund zur Panik. Im Gegensatz zu Film und Literatur lassen sich gute Geschichten im Marketing zwar nicht erfinden (Authentizität ist das höchste Gut), aber sie lassen sich finden – in jedem Unternehmen. Voraussetzung dafür ist eine starke Positionierung und im Idealfall eine entsprechende Vision (mehr dazu im Kapitel «Positionierung & Vision: Wo Ihre Story beginnt», Seite 63).

Ob Sie verkaufen wollen, Ihr Image pflegen, Mitarbeiter gewinnen oder ein neues Produkt einführen: auf der Grundlage Ihrer Unternehmensgeschichte lassen sich neue Geschichten entwickeln und damit sämtliche Kommunikationsinhalte ansprechend und zielgerichtet verpacken. Die Ideen für packende Artikel und Beiträge auf LinkedIn werden Ihnen nur so zufliegen, da Sie mit einer guten Geschichte überall Anknüpfungspunkte zu aktuellen Themen finden werden.

Das Gastrounternehmen könnte sein neues Mittagsmenü zum Beispiel nach einem Mitarbeitenden benennen und ihn bei der Kreation in den Vordergrund rücken. Mit dieser Geschichte stehen die Chancen gut, eine Lokalzeitung für einen redaktionellen Bericht (gratis) zu gewinnen, was den bezahlten PR-Artikel erspart und einen weit höheren Imagewert hat.

Oder das Gastrounternehmen schlägt eine Brücke zum Thema Behinderung und Integration, wenn es wieder aktuell in den Medien behandelt wird (siehe auch

Abschnitt «Spannungsbrücke: Was Ihr Unternehmen mit Star Wars zu tun hat», Seite 45), äußert seine pointierte Meinung und glänzt als Erfolgsbeispiel auf allen Kanälen – vom Blog auf der eigenen Webseite über Social Media bis zum Auftritt im Lokal-TV.

Die Geschichte ist ein Turbo für Social Selling: Sie sticht heraus und weckt breites Interesse, was den Aufbau von starken Geschäftsbeziehungen erleichtert und beschleunigt. Gut möglich, dass das Gastrounternehmen damit auch die Neugier von schwer zugänglichen Entscheidungsträgern weckt, die an einer Zusammenarbeit interessiert sind.

Sie sehen, beim Marketing mit Storytelling überschlagen sich die Möglichkeiten. Auch konkrete Einsparungsmöglichkeiten entstehen. Für Information, die keinen redaktionellen Wert hat, bezahlen Sie bei den Medien, um sie zu veröffentlichen. Für gute Geschichten, die Leser interessieren, danken Ihnen die Medien sogar, auch dafür, dass sie über Sie als Unternehmerin oder Unternehmer berichten können.

▶ *Jedes Unternehmen hat gute Geschichten zu erzählen. Man muss sie nur finden.*

Was macht eine gute Geschichte aus?

Haben Sie manchmal das Gefühl, dass immer wieder ähnliche Filme ins Kino kommen? Oder haben Sie sich schon gefragt, weshalb auch der tausendste Abklatsch von *Romeo und Julia* immer noch ein großes Publikum erreicht?

Gute Geschichten bauen immer auf etwas Bekanntem auf und bringen etwas Neues ins Spiel. Der bekannte Teil sorgt dafür, dass sich das Publikum mit der Geschichte identifizieren kann, der neue Teil sorgt für die Spannung. Bei Romeo und Julia ist der bekannte Teil eine Liebesbeziehung zweier junger Menschen, deren Familien verfeindet sind. Sie müssen sich gegen den Rest der Welt durchsetzen. Diese Struktur funktioniert in jedem Jahrhundert, in jeder Gesellschaft und auf jedem Planeten. Hier kommt der neue Teil ins Spiel: Die Geschichte von Romeo und Julia kann in andere Geschichten integriert werden (Titanic) oder in einem anderen Umfeld handeln, zum Beispiel in einer Großstadt (West Side Story).

Es gibt noch zahlreiche weitere Vorlagen, die ebenfalls im Storytelling für Marketingzwecke verwendet werden: *David gegen Goliath* (Kleinunternehmer greift Multis an), *Rocky* (Start-up kämpft sich mit Schweiß und Blut in die höchste Liga), *Mutter Teresa* (Unternehmen setzt sich selbstlos für die Schwächsten ein) und *Daniel Düsentrieb* (findiger Kopf begeistert Markt mit genialen Ideen). Das letzte Beispiel wird in unserer Zeit genial bespielt von Elon Musk.

Wer sind Sie? Welche Geschichte passt zu Ihnen? Sie müssen sich nicht neu erfinden. Lassen Sie sich inspirieren von Geschichten, die schon Millionen von Herzen bewegt haben, finden Sie Parallelen und arbeiten Sie mit ihnen. Diese Geschichten funktionieren auch wunderbar im B2B-Bereich, weil es am Schluss immer Menschen sind, die entscheiden.

Tipp 1: Schauen Sie Ihren Lieblingsfilm oder lesen Sie Ihr Lieblingsbuch nochmals und schreiben Sie auf, was Ihnen besonders gefällt. Notieren Sie sich entsprechende Stellen und fragen Sie sich, was Sie bewegt. Tauschen Sie sich mit anderen aus. Vielleicht finden Sie schon hier interessante Parallelen zu Ihrem Unternehmen.

Tipp 2: Besorgen Sie sich einen Ratgeber, wie man Geschichten schreibt. Darin finden Sie wertvolle Instrumente zu Themen wie Aufbau, Handlung und Entwicklung von Charakteren. Natürlich können Sie diese Informationen auch googeln. Zahlreiche Autoren im Web führen Blogs zum Handwerk des kreativen Schreibens und dem Entwerfen von Geschichten, die wirklich bewegen. Zu verstehen, wie Geschichten funktionieren, hilft Ihnen, Ihre eigene zu entwickeln.

Tipp 3: Stellen Sie sich Ihr Leben und Ihr Unternehmen als einen Film vor. Welches sind die spannenden Ereignisse? Was hat Sie bewegt? Worauf erhalten Sie starke Rückmeldungen, positive wie negative? Das sind die interessanten Punkte fürs Storytelling. Jene Momente an der Kreuzung, an denen Sie Entscheidungen getroffen haben, die Ihr (Unternehmer-)Leben geprägt haben.

▶ *Geschichten funktionieren überall dort, wo Menschen entscheiden. Im B2C- ebenso wie im B2B-Marketing.*

Spannungsbrücke: Was Ihr Unternehmen mit Star Wars zu tun hat

Seien wir ehrlich: Niemand interessiert sich per se für das, was Sie tun, oder für das, was Ihre Firma macht. Interesse kommt erst mit Beziehung. Erst, wenn Sie einen Bezug zwischen Ihrer Tätigkeit und den Herausforderungen Ihrer Kunden schaffen, kann Interesse überhaupt wachsen. Im Rahmen von Storytelling schaffen Sie diesen Bezug am einfachsten mit einer Spannungsbrücke.

Eine Spannungsbrücke ist eine Brücke, welche die Interessen des potenziellen Kunden mit den Stärken und Vorteilen Ihres Unternehmens verbindet. Überlegen Sie sich in den nächsten Minuten, wofür sich Ihre Wunschkunden interessieren, und schreiben Sie zwei bis drei Themen auf.

Wagen Sie sich dabei auch in Bereiche vor, die nichts mit dem Geschäftlichen zu tun haben: Filme, Bücher, Reisen, Politik, Trends, Philosophie, Kunst, Sport oder zahlreiche weitere Felder bieten eine reichhaltige Palette, zu der Sie von Ihren Produkten her eine Spannungsbrücke schlagen können. Natürlich hilft es, wenn Sie eine klare Vorstellung von Ihrer Zielgruppe beziehungsweise von Ihren Zielkunden haben oder Sie diese gar persönlich kennen. Sollte das nicht der Fall sein, setzen Sie auf Aktualität und nehmen Sie Themen, die gerade durch den Blätterwald rauschen, sprich prominent in den Medien erscheinen.

Einige Beispiele:

- Roger Federer wird erneut Nummer 1.
- Yes or No Billag? Die Abstimmung über gebühren-finanziertes Fernsehen dominierte einst die Titel-seiten.
- Der Bitcoin befindet sich immer mal wieder auf Achterbahnfahrt.
- Unregelmäßigkeiten in der Buchhaltung der Post-auto AG erschütterte das Vertrauen in eine beliebte Schweizer Institution.
- Oder jeweils in den Wintermonaten: Klirrende Kälte sucht die Schweiz heim.

Schaffen Sie einen ganz persönlichen Bezug zum Thema, mit den Stärken und Vorteilen von Ihnen und Ihrem Unternehmen. Hier kommt Ihre Vision ins Spiel: Spürt Ihr Kunde Ihre innere Motivation, wird er Sie gegenüber den Mitbewerbern bevorzugen, wenn er keine wesentlichen Unterschiede bei anderen Entscheidungsfaktoren ausmachen kann (Qualität, Angebot, Preis etc.). Er wird Sie bevorzugen, weil er von Ihnen mehr Einsatz erwarten kann. Eine Unter-nehmensberatung mit Positionierung auf großer Erfah-rung und Seniorität kann an die Geschichte mit Roger Federer anknüpfen. Botschaft: Große Erfahrung und gute Planung sind auch in der Unternehmens-beratung der Schlüssel für den Erfolg.

Ein Maschinenbauunternehmen mit Fokus auf qualitativ hochwertige Produkte nimmt Bezug auf den

Bitcoin. Botschaft: Der Bitcoin geht rauf und runter. Wir setzen auf konstante Werte und liefern immer mit gleich hoher Qualität.

Ein Treuhandbüro kann den Skandal bei der Post-auto AG aufnehmen. Botschaft: Unregelmäßigkeiten in der Buchhaltung können zu irreparablen Imageschäden führen. Wir schützen Sie davor.

▶ *Die Spannungsbrücke verbindet Ihre Firma mit Themen, die großes Interesse wecken.*

Fallhöhe: Gegensätze ziehen sich (und Umsatz) an

«You are the hero of your own story.»
Joseph Campbell

Ein weiteres Element von starken Geschichten ist die Fallhöhe. Kinogänger, Büchernarren und Serienfans kennen sie bestens: Je weiter der Held vom Ziel entfernt ist, je schwieriger sein Weg scheint, desto spannender wird die Geschichte.

Mit dieser Fallhöhe arbeiten auch große TV-Formate. Erinnern Sie sich an Paul Potts? Er gewann 2007 die Casting-Show *Britain's Got Talent*. Der schüchterne und unscheinbare Handyverkäufer entpuppte sich – oh Wunder! – als großer Opernstar. Weil die Geschichte so gut funktioniert hatte, wiederholte man sie 2009 mit der schrulligen Schottin Susan Boyle, die damals den zweiten Platz erreichte und von heute auf morgen goldene Schallplatten abräumte.

Ein Handyverkäufer wird Opernstar! Dass Paul Potts eine solide Opernausbildung absolviert oder Einzelgängerin Susan Boyle schon in jungen Jahren einmal eine Gesangskarriere gestartet hatte, spielten die Storyteller der Sendung gekonnt herunter. Klar: Die Ankündigung «Handyverkäufer singt ‹Nessun dorma›» hat ein viel größeres Potenzial als «Ausgebildeter Opernsänger singt

‹Nessun dorma›». Ohne zu lügen, aber mit gekonnter Hervorhebung, lässt sich eine spannende Geschichte aufbauen und Menschen (wie Unternehmen) aus der gewünschten Perspektive zeigen.

Wie bei der Spannungsbrücke gilt auch bei der Fallhöhe: Je weiter die Referenzpunkte auseinander-liegen, desto größer ist das potenzielle Interesse. Zwischen Opernsänger und Handyverkäufer liegt eine gute Geschichte.

Die Fallhöhe ist ein zentrales Erfolgselement der Casting-Show. Mehr noch: Sie ist das Herz des Erfolgs. Und Sie können sie auch für Ihr Unternehmen nutzen.

Fallhöhe gewinnen Sie durch Analyse und gezielte Selektion. Nehmen Sie zum Beispiel Ihre Firmen-geschichte: Was waren die Tiefpunkte in der Gründung oder im Aufbau? Was waren die größten Erfolge? Standen Sie kurz vor der Aufgabe und haben sich durch-gerungen? Haben Sie bei einem Großprojekt wie dem Gotthard-Tunnel-Bau mitgewirkt? Falls Ihnen diese Fragen nicht weiterhelfen, halten Sie Ausschau nach Gegensätzen. Sind Sie für Ihre Arbeit von der Stadt aufs Land gezogen? Haben Sie eine gut bezahlte Arbeit gekündigt, um unten neu anzufangen? Oder sind Sie vom Ursprung her Buchhalter und heute Chefentwickler bei einem Zulieferer für Autoteile?

Für eine gründliche Analyse hilft es, Rückmeldungen vom eigenen Umfeld einzuholen. So können Sie sicher sein, dass Sie die entscheidenden Punkte in Ihre Geschichte einbauen, was letztendlich das Interesse Ihrer Zielgruppe weckt.

▶ *Je größer die Fallhöhe, desto stärker wird das Interesse an Ihrer Geschichte sein.*

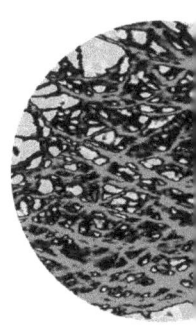

Social Selling: Übersicht

«Nur der Überzeugte überzeugt.»
Joseph Joubert

Es gibt verschiedene Auslegungen, was genau Social Selling bedeutet. Man könnte sogar behaupten, dass «Selling» schon immer «Social» war. Denken Sie nur mal an den Business-Lunch, den Messebesuch oder einen Kundenanlass.

Social Selling für B2B entwickelt und pflegt Beziehungen, um Firmenkunden online zu gewinnen und zu halten. Dazu gibt es verschiedene Wege und viele Plattformen. Wir konzentrieren uns hier auf LinkedIn. Der Grund ist ganz einfach: Den größten Teil der berufstätigen Bevölkerung finden Sie heute (2018) auf LinkedIn.

Social Selling deckt drei wesentliche Aspekte ab:

- Online Beziehungen knüpfen und pflegen
- Aufmerksamkeit wecken
- Die Netzwerke Ihres Netzwerks aktivieren

Wir schauen uns diese drei Aspekte kurz an anhand des Beispiels einer fiktiven Frau Müller, welche als Account-Managerin E-Learning-Lösungen an Firmen verkauft.

Online Beziehungen knüpfen

«The best thing to hold onto in life
is each other.»
Audrey Hepburn

Traditionell würde Frau Müller mittels Recherche
mögliche Zielfirmen identifizieren und anschließend
mittels Telefonaten versuchen, die korrekten Ansprech-
partner für E-Learning zu identifizieren. Die Hoffnung
ist, dass Frau Müller anschließend gezielt eine Beziehung zum Head of E-Learning aufbauen und erweitern
kann.

Mit LinkedIn geht das Ganze bedeutend einfacher.
Frau Müller sucht nach entsprechenden Funktions-
bezeichnungen und Firmen der entsprechenden Größe.
Innert weniger Minuten hat sie eine qualitativ hoch-
stehende Liste an Leads (potenzielle Kunden), auf die
sie nun zugehen kann. Zum Beispiel mit einer Kontaktanfrage und einer gut formulierten, passenden Nachricht.

▶ *Was offline funktioniert, geht auch online.*
Nur einfacher.

Aufmerksamkeit wecken

«Aufmerksamkeit ist das Leben.»
Johann Wolfgang von Goethe

Ein weiterer – oft unterschätzter – Aspekt ist, dass sich
Kunden online selber im Vorfeld eines Geschäfts
informieren. Das Beste, was Ihnen passieren kann, ist,
dass ein Kunde ein Bedürfnis hat und auf Sie zukommt.
Das wird aber nur passieren, wenn Sie dem möglichen
Kunden bekannt sind und er sich im Moment, wo er
ein Bedürfnis hat, an Sie erinnert.

Dafür muss die fiktive Frau Müller regelmäßig ihr
Netzwerk darüber informieren, was sich in der Welt des
E-Learnings so tut. Je geschickter sie das macht, desto
größer ist die Aufmerksamkeit, die sie erreicht. Am
besten setzt man hier auf die Grundsätze des Storytelling
und erzählt Geschichten, welche für das Geschäft relevant sind.

▶ *Lieber regelmäßig Aktivität auslösen,*
statt lange auf perfekte Inhalte warten.

Die Netzwerke Ihres Netzwerks aktivieren

«Die menschliche Beziehung zwischen zwei
Geschäftspartnern bietet meiner Meinung
nach weit mehr Gewähr für eine erfolgreiche
Geschäftsverbindung als etwa hundertfünfzig
schriftliche Vertragsseiten.»
Ion Tiriac

Die Forschungen von Stanley Milgram und anderen
zeigen, dass jeder Mensch im Schnitt über nur fünf
Stationen mit jedem anderen Mensch vernetzt ist (Six
Degrees of Separation). Je besser Sie in Ihrem beruflichen Umfeld vernetzt sind, desto höher ist die Chance,
dass Sie mit ziemlich jedem möglichen Kunden eine
gemeinsame bekannte Person haben.

Diesen Effekt kann Frau Müller nun für sich nutzen.
Wenn es Frau Müller schafft, die Aufmerksamkeit
ihres Netzwerks zu wecken, dann überträgt sich das in
die Netzwerke ihrer Bekannten. Anders formuliert:
Wenn Sie einen Beitrag liken, dann steigt die Wahr-
scheinlichkeit, dass Personen aus Ihrem Netzwerk den
Beitrag angezeigt bekommen. Richtig gemacht (gute
Inhalte, gutes Storytelling), werden Ihre Kontakte zu
Botschaftern von Ihnen.

Wenn Sie die drei Punkte (Beziehungen knüpfen
und pflegen, Aufmerksamkeit wecken und die
Netzwerke Ihres Netzwerks aktivieren) konsequent

befolgen, werden Sie innert Kürze zum Social-Selling-Profi.

► *Ihre Kontakte öffnen Ihnen Türen zu neuen Geschäftsbeziehungen.*

Beziehungen statt Content!

«Give the people what they want.»
The O'Jays

Im Abschnitt «Kontakte und Follower» (Seite 27) sind wir bereits darauf eingegangen, wie wichtig eine gewisse Anzahl an Beziehungen für Social Selling ist. Neben einer gewissen Reichweite gibt es einen zentralen Aspekt, den die meisten Organisationen ignorieren oder nicht verstehen:

Vielfach wird der Satz «Content is king» zitiert, um zu zeigen, wie wichtig Content ist. Content wird aber erst richtig effektiv, wenn er mit *Ihnen* zu tun hat. Die meisten Ihrer Kontakte interessieren sich nicht für unpersönliche Inhalte, sondern für Sie! Wie Sie Content personalisieren, erfahren Sie in den Abschnitten «Fallhöhe: Gegensätze ziehen sich (und Umsatz) an» (Seite 48) und «Spannungsbrücke: Was Ihr Unternehmen mit Star Wars zu tun hat» (Seite 45) sowie im Kapitel «Storytelling: Machen Sie noch Werbung oder erzählen Sie schon?» (Seite 35).

Gerade bei kleineren Firmen (Start-ups, KMUs) ist der Sachverhalt noch ausgeprägter: Sie sind die Firma! Nick Hayek von der Swatch Group ist für größere Firmen ein gutes Beispiel. Er und seine Firma werden als eine Einheit wahrgenommen, mit allen Vor- und Nachteilen.

Und das ist der wichtigste Gedanke hinter jeder Social-Selling-Strategie: Die meisten Ihrer Kontakte interessieren sich nicht für Ihre Firma, sondern für Sie persönlich. Kein noch so «guter Content» wird dies je ändern, solange er unpersönlich bleibt. Darum fokussieren wir uns ganz darauf, diesen Effekt zu nutzen. Nur wenn Ihr Netzwerk anfängt, auf Sie zu reagieren, haben Sie eine Chance, erfolgreich Social Selling zu betreiben.

▶ *Veröffentlichen Sie Beiträge,*
   welche Ihr Netzwerk interessieren.

Engagement

«Engagement trägt irgendwann Früchte,
wie ein gut gedüngter Spross.»
Justus Vogt

Am Schluss wollen Sie mit Ihrem Wirken Engagement
auslösen. Das bedeutet, dass Sie Ihr Netzwerk dazu
bringen möchten, auf Ihre Beiträge und somit auf Sie zu
reagieren. Auch unsere drei Elemente des Social Selling
setzen auf das von Ihnen ausgelöste Engagement:

- Leute erinnern sich an Sie und Ihre Beziehung bleibt
  warm (Netzwerkpflege).
- Ihre Botschaften werden von noch mehr Leuten
  gelesen (Aufmerksamkeit).
- Ihre Filterbubble wird durchstoßen, und neue Kreise
  werden auf Sie aufmerksam (Netzwerke Ihres Netzwerks).

Bevor Sie nun jeden Tag einen lustigen Witz teilen, in
der Hoffnung, dass Ihnen die Welt zu Füßen liegt,
kommen Sie nochmals zurück auf die im Mittelteil
diskutierte Positionierung. Überlegen Sie sich, wie Sie
wahrgenommen werden möchten, und passen Sie
Ihre Botschaften entsprechend an. Oder Sie haben eine
Marketingabteilung, welche diesen Teil für Sie erarbeitet.

▶ *Probieren Sie verschiedene Beiträge aus.*
Die Statistiken zeigen Ihnen, welche Engagement
auslösen.

Algorithmen

Ein Algorithmus ist nichts anderes als eine Handlungs-
anweisung zur Lösung eines Problems. In der Informatik
werden Algorithmen als Softwareprogramme umgesetzt
und finden eine breite Anwendung. Ob bei der Steue-
rung der Mondlandefähre oder der Auswahl eines Songs,
der Ihnen gefallen könnte: überall kommen Algorithmen
zum Einsatz.

Onlineplattformen verhalten sich genau gleich. Mit
Algorithmen und Daten der jeweiligen Plattform werden
Beiträge ausgewählt, die Ihnen gefallen könnten. Die
meisten Marketingstrategien zielen nun darauf ab, diese
Algorithmen zu verstehen und zu beeinflussen. So,
dass die entsprechenden Botschaften besser platziert
werden können.

Genau das macht SEO – Search Engine Optimization
(Suchmaschinenoptimierung). Man versucht, die
eigenen Inhalte so zu gestalten, dass Googles Humming-
bird-Algorithmus (früher Page Rank) möglichst positiv
darauf anspricht und man entsprechend «höher» in den
Resultaten aufgeführt wird.

Die Überlegungen dazu sind im Grundsatz alle
richtig, haben aber einen schweren Nachteil: Die
einzigen Personen, die wirklich wissen, wie diese Algorithmen funktionieren, sind deren Programmierer.

Genießen Sie daher Aussagen, dass Google, Facebook, LinkedIn und so weiter «genau so» funktionieren, mit Vorsicht. Einerseits ist es für die meisten Menschen schlicht unmöglich, dies genau zu bestimmen. Andererseits befinden sich all diese Algorithmen in einer ständigen Weiterentwicklung. Was gestern funktionierte, muss heute nicht mehr gelten.

Was sehr zuverlässig funktioniert, sind eigene Experimente. Probieren Sie verschiedene Vorgehensweisen aus. Intensivieren Sie diejenigen, die gut funktionieren, und werfen Sie die anderen über Bord. Auch für Social Selling gilt die Kunst der steten Verfeinerung – und nicht die Suche nach dem Wundermittel.

▶ *Anfangen ist die einzige Möglichkeit,*
wie Sie sich kontinuierlich verbessern können.

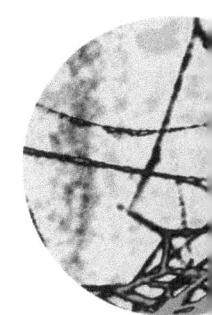

Positionierung & Vision: Wo Ihre Story beginnt

«The basic approach of positioning is not
to create something new and different,
but to manipulate what's already up there
in the mind, to retie the connections that
already exist.»
Al Reis

Sie können zu jedem Produkt und zu jedem Service eine
spannende Geschichte erzählen: von den abenteuer-
lichen Umständen rund um die Ideenfindung über die
Herausforderungen in der Entwicklung – die Rück-
schläge und Erfolge – bis zum Happy End der erfolgreichen Lancierung. Mit einer Geschichte vermitteln Sie
alle relevanten Informationen in einer unterhaltsamen,
emotionalen Form. So, dass Sie bei Ihren Zielkunden
in Erinnerung bleiben. Mehr noch: Sie schaffen Identifi-
kation und steigern damit Sympathie und Vertrauen.

Die wichtigste Geschichte für Ihr Marketing ist aber eine andere. Es ist die Geschichte Ihres Unternehmens. Damit sind nicht Jahreszahlen und historische Fakten gemeint (die dürfen natürlich auch eine Rolle spielen), sondern die Beweggründe hinter Ihrer Tätigkeit und den Nutzen von dem, was Sie anbieten, für die Welt da draußen, in erster Linie die Welt Ihrer Kunden.

Was Sie genau anbieten, spielt aus Sicht des Geschichtenerzählens – oder auf Marketinglish *Storytelling* – vorerst keine Rolle. Das können Gipfeli, Autos, Computer oder Pflegedienstleistungen sein, Bohrmaschinen, Softwarelösungen oder auch Gartenanlagen.

Das Warum: Der wunderbare Morgen

«Das Geheimnis des Erfolgs?
Anders sein als die anderen.»
Woody Allen

Es gibt zwei Dinge, die viel wichtiger sind als das *Was*:
1. Das *Warum*.
2. Das *Wie*.

Beginnen wir beim *Warum*. Die Frage, die schon Kommunikationsspezialist und Erfolgsautor Simon Sinek an den Anfang stellt, ist auch für Sie von höchster Bedeutung.

Stellen Sie sich zwei Bäckereien vor: Beide backen Gipfeli, beide etwa gleich gut und zum selben Preis. Die eine Bäckerei macht die Gipfeli, um damit Geld zu verdienen. Die andere macht ihre Gipfeli, um den Menschen einen wunderbaren Morgen zu bereiten – und um damit Geld zu verdienen. Was denken Sie, welche der beiden Bäckereien hat die Nase vorne, wenn es um die Vermarktung ihres Produktes geht?

Wer seinen Kunden einen «wunderbaren Morgen» bereitet, liefert einen emotionalen Mehrwert, der über den Nutzen seines Angebotes hinausgeht. Der «wunderbare Morgen» ist eine hervorragende Plattform, auf der alle Marketingaktivitäten inszeniert werden können, quer über alle Kanäle. Von der Aktion im Ladenlokal über Inserate, Plakate und Direct Mailings bis zur

Webseite und der Präsenz auf Social-Media-Kanälen wie zum Beispiel LinkedIn.

Der «wunderbare Morgen» eröffnet ein neues Spielfeld für die Produktepalette des Bäckers: Konfitüre, Butter, Kaffee und vieles mehr lässt sich bestens integrieren. Die Bäckerei kann das Angebot mit hausgemachten Produkten erweitern oder sie bei Partnerfirmen einkaufen, die zur Unternehmensphilosophie passen.

Das Gesicht des Unternehmens – der Bäcker, die Bäckerin, die Familie oder der Geschäftsführer – kann sich als «Advokat des Morgens» positionieren und diese Position medienwirksam bespielen. Konkret: Auftritte in den Morgenshows des Lokalradios zum Thema Frühstück und Genuss, Presseartikel zur Wichtigkeit des ausgiebigen Frühstücks für einen erfolgreichen Tag und gezielte Aktivität auf Social-Media-Kanälen. Dazu gehören Kommentare und Beiträge zu allen relevanten Themen beziehungsweise Hashtags über das Aufstehen, den Morgen und das Frühstück.

Natürlich dürfte jedem klar sein, dass auch die Bäckerei, die nicht nur Produkte verkauft, sondern den Menschen einen «wunderbaren Morgen» bereitet, Umsatz machen und Gewinn erzielen will. Aber ihre Motivation geht über das Geschäftliche hinaus. Damit erzielt sie einen größeren Mehrwert für den Kunden. Dieser erhält nicht nur ein Gipfeli, sondern ein Erlebnis. Mit jedem Bissen nimmt er Teil an der Geschichte des «wunderbaren Morgens». Das *Warum* – die Motivation des Unternehmens – wird zu einem einzigartigen Verkaufsargument und damit zu einem entscheidenden Umsatztreiber für die Bäckerei.

Ein starkes *Warum* funktioniert natürlich auch im B2B-Geschäft. Das Softwareunternehmen, das Programme mit dem Anspruch schreibt, dass Firmen nicht nur schneller und effizienter arbeiten können, sondern die Anwender auch noch Freude daran haben, sie zu benutzen, schafft eine klare Differenzierung zu seinen Mitbewerbern. Die Freude an der Arbeit wird zum Leitmotiv des Softwareproduzenten. Ein Motiv, das seine potenziellen Kunden gerne teilen, weil sie wissen: Wenn die Mitarbeitenden mit Freude arbeiten, erledigen sie ihren Job besser.

▶ *Das Warum und das Wie machen den entscheidenden Unterschied.*

Das Wie: Inhalte statt Worthülsen

«Man soll schweigen oder Dinge sagen,
die noch besser sind als das Schweigen.»
Pythagoras von Samos

Der zweite Umsatztreiber neben dem starken *Warum*
ist das *Wie*. Nehmen wir hier das Beispiel eines Unternehmens, das Maschinenteile produziert. Ein Faktor,
wie sich das Unternehmen differenzieren kann, ist
beispielsweise die Qualität. Nur: Praktisch jeder Mitbewerber wird auf seiner Webseite und in seinen Unter-
lagen mit dem Begriff «Qualität» werben. Wie kann sich
also eine Firma, die tatsächlich eine höhere Qualität
bietet, von einem Unternehmen unterscheiden, das
Qualität nur vorgaukelt?

Ein überzeugendes *Wie* untermauert Begriffe, die
sonst gerne nur als hohle Marketinghülsen benutzt
werden, wie zum Beispiel «Qualität», «Effizienz»,
«Diskretion», «Alles aus einer Hand» und weitere.

Viel überzeugender, als «Qualität» hinzuschreiben,
ist es, die Geschichte des Produktionsprozesses zu
erzählen. Die Geschichte könnte bei der mehrfachen
Prüfung des Ausgangsmaterials beginnen. Erfolgt
diese durch die unschätzbare Erfahrung menschlicher
Fachkompetenz? Oder mit der digitalen Genauigkeit
fehlerloser Computeranalysen? Weiter geht es mit der
Reinigung des Materials. Schildern Sie Sinn und
Zweck der verschiedenen Stufen und verbinden Sie diese

Punkte mit dem Nutzen für den Kunden: längere Lebensdauer, schnellere Produktion, weniger Ausfälle etc. Damit gewinnen Sie auch überzeugende Argumente, wenn es um den Preis geht.

Gleiches gilt für die eigentliche Produktion. Was ist das Spezielle an Ihren Maschinen? Erreichen sie eine höhere Genauigkeit? Können sie schneller produzieren (bei gleicher Qualität)? Haben sie mehr technologische Möglichkeiten, um Teile herzustellen (verschiedene Schleifarten, unterschiedliche Kanten oder Härtungen)?

Worin auch immer Sie einen Beleg finden, der den Begriff «Qualität» untermauert, verwenden Sie ihn als Verkaufsargument. Dabei ist es nicht einmal entscheidend, ob Ihre Mitbewerber dieselben Vorteile bieten. Solange sie ihr Marketing nicht darauf aufbauen, wird man die entsprechenden Vorteile Ihrem Unternehmen zuschreiben.

Sie werden nicht in allen Bereichen ein starkes *Wie* finden. Falls Sie sich in der Qualität nicht wesentlich von Ihren Mitbewerbern unterscheiden, sollten Sie sich ernsthafte Gedanken machen, ob dies Ihr Hauptverkaufsargument ist oder ob Sie nicht besser einen anderen Bereich suchen, wo ein echter Unterschied da ist, wie zum Beispiel die Kundenbetreuung, der Service (Garantieleistungen) oder die Preisgestaltung.

Das *Warum* und das *Wie* sind zwei hervorragende Ausgangspunkte, um sich von Mitbewerbern abzugrenzen und den heiligen Gral des Marketings zu finden: den USP, die Unique Selling Proposition oder den

Unique Selling Point, also das Alleinstellungsmerkmal Ihres Produktes oder Unternehmens. Mit diesem Alleinstellungsmerkmal erreichen Sie eine starke Positionierung, auf der Sie Ihre Geschichte(n) aufbauen.

▶   *Die Basis für Ihre Erfolgsgeschichte finden Sie*
     im Warum und im Wie.

Vision: Begeistern Sie sich, Ihre Kunden und die Welt

> «Es ist erst dann eine Vision, wenn es die Vorstellungskraft der anderen übersteigt.»
> David Tatuljan

Eine starke Positionierung ist mehr als die halbe Miete für wirksames Storytelling. Mit der Antwort auf das *Warum* wissen Sie, weshalb Sie morgens aufstehen und sich jeden Tag zu hundert Prozent einsetzen. Und Ihre Kunden wissen, weshalb sie mit Ihnen ins Geschäft kommen sollen. Mit der Antwort auf das *Wie* unterscheiden Sie sich von den Mitbewerbern, und Ihre Kunden verstehen, weshalb Ihre Produkte und Dienstleistungen besser, günstiger, teurer, schöner, passender etc. sind – worin auch immer die Vorteile Ihres Angebots liegen.

Mit einer Vision für Ihr Unternehmen können Sie noch einen Schritt weitergehen. Eine (starke) Vision betrifft nicht nur Ihre Firma und Ihre Kunden, sondern bietet einen Mehrwert für die ganze Welt.

Sie ist die Verbindung zu einem Zweck, der über Ihr Kernziel der Umsatzgenerierung hinausgeht.

Und dennoch, eine Vision ist auch ein starker Umsatz- und Gewinntreiber, weil sie wichtige Faktoren in Ihrem Unternehmen beeinflusst:

Die Mitarbeitenden. Mit einer starken Vision, die Sie selber verinnerlicht haben, motivieren Sie Ihre ganze Firma. Das ist der Unterschied zu einem Papier, auf dem «Vision» steht und das in einer Schreibtisch-Schublade steckt.

Die Kommunikation. Eine Vision unterstützt Sie in der Kommunikation auf verschiedenen Ebenen. Sie erreichen Gratis-PR, weil die Medien sich für Ihr Unternehmen auf redaktioneller Stufe interessieren. In Krisenzeiten schützt Sie die Vision vor Angriffen, weil man Sie zu den «Guten» zählen wird, da Sie sich für eine bessere Welt einsetzen. Und Sie haben die Möglichkeit, glaubwürdig am politischen Dialog teilzunehmen, ohne gleich in den Verdacht zu geraten, ein Profiteur zu sein.

Die Aktionäre und Inhaber. Für Aktionäre und Inhaber kann die Investition in Ihre Firma auch eine Investition in Ihre Ziele sein, also ein ideelles Investment. So gewinnen Sie mehr finanzielle Mittel und stärken das Vertrauen Ihrer Kapitalgeber, um am Markt sicher und erfolgreich aufzutreten.

Falls in Ihrem Unternehmen bereits eine Vision formuliert wurde, schauen Sie, inwiefern Sie sich mit ihr identifizieren können. Nehmen Sie die Punkte heraus, die Sie motivieren, und schaffen Sie die Verbindung zwischen Ihnen und diesen Punkten. So gewinnen Sie die Antwort auf das *Warum* Ihrer Tätigkeit.

Falls Ihr Unternehmen keine überzeugende Vision hat und Sie nicht in einer Position sind, diese für das Unternehmen zu entwickeln, schaffen Sie sich Ihre persönliche Vision, die sich mit Ihrer Aufgabe im Unternehmen verbinden lässt.

► *Die Vision ist die Grundlage des Unternehmens. Nicht umgekehrt.*

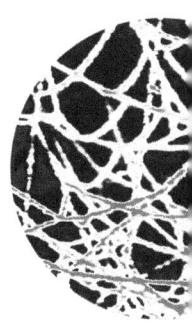

LinkedIn konkret

Nachdem Sie nun wissen, wie Sie Ihr Profil gestalten können, was Social Selling ist und wie man gute Geschichten erzählt, ist es an der Zeit, etwas genauer hinzuschauen, was Sie technisch auf LinkedIn eigentlich anstellen können.

Wie auf jedem Sozialen Netzwerk gibt es auch auf LinkedIn eine Vielzahl an unterschiedlichen Instrumenten. Wir gehen auf die wichtigsten ein und zeigen, wie Sie diese am besten einsetzen.

Likes, Kommentare und Shares

«Glück verdoppelt sich durch Teilen.»
Manfred Hinrich

Auch wenn der Knopf auf Deutsch korrekterweise «Gefällt mir» heißt, ist das englische «Like» einfach knackiger. Bei fast allen Onlineplattformen hat sich der Like als Standardwährung durchgesetzt. Mitglieder «liken» Beiträge anderer Mitglieder und dies beeinflusst wiederum die Algorithmen für die Anzeige neuer Beiträge.

Noch viel spannender ist die psychobiologische Erkenntnis im Buch von Adam Alter, dass ein Like Dopamin (Glückshormon) im Hirn freisetzt. Je nach Sichtweise machen Sie also jemanden high, wenn Sie ihm ein Like geben! Etwas pragmatischer gesehen löst das Like etwas aus: Personen freuen sich und werden auf Sie aufmerksam.

Ihr Aufwand für ein Like bewegt sich im Millisekundenbereich. Wenn Sie also schon einen Beitrag lesen, dann können Sie diesen auch gleich liken. Die Person, die ihn geschrieben hat, freut sich, wird sich eher an Sie erinnern und gelegentlich auch mal etwas von Ihnen liken.

Die gesteigerte Form des Likes ist der Kommentar oder das Teilen eines Beitrag. Gerade bei Kommentaren müssen Sie im Hinterkopf haben, dass das stets auch von anderen Leuten gelesen werden kann. Persönlich finden wir Kommentare wie «Super Artikel!» nicht sehr wertvoll. Uns gefallen kurze Einwendungen wie «Der Artikel hat mir gut gefallen, allerdings fehlt mir bei der Liste der Herausforderungen für KMUs und die Digitalisierung das Thema Social Selling» bedeutend besser, weil Sie viel klarer positioniert sind und somit aussagekräftiger wirken. Das Teilen ist vor allem interessant, weil jemand so angetan von Ihrem Beitrag war, dass er diesen in seinem Netzwerk bekannt machen möchte.

Wenn Sie sich exponieren, dann werden Sie früher oder später auch negative Kommentare erhalten. Bei groben Verfehlungen empfehlen wir, diese zu melden und zu blockieren. Sonst zeigt sich meistens, wie souverän jemand wirklich ist. Wenn Sie sachliche Kritik ernst nehmen und sogar verdanken, dann schätzen die meisten Leute das sehr. Dumme Antworten oder Pöbeleien sagen meistens mehr über den Verfasser selbst aus als über den Adressaten.

▶ *Wenn Sie einen Beitrag lesen,*
 können Sie ihn auch gleich liken.

Posts

«Alles ist Mitteilung in der Natur.»
Bettina von Arnim

Der Post ist ein kurzer Beitrag mit einer kurzen Halbwertszeit. Sehen Sie ihn eher als Gedanken zum Tag und
nicht als Ihre große, philosophische Abhandlung zur
kommenden Dekade. Sie können Ihren Gedanken oder
Ihre Beobachtung mittels Bild, Video oder auch Link
anreichern.

Unsere Erfahrung zeigt, dass gute Bilder einen
Beitrag wesentlich unterstützen. Gerade, wenn Sie Fotos
haben, die exklusiv sind, ist der Effekt größer, als wenn
Sie ein Stockfoto einer bekannten Agentur hochladen.

Allerdings gibt es auch interessante Beispiele dafür,
dass man ohne gute Bilder eine große Reichweite
erreichen kann, so zum Beispiel Oleg Vishnepolsky:

www.linkedin.com/in/vishnepolsky/

Oleg Vishnepolsky veröffentlicht seit Jahren kurze,
prägnante Wortbeiträge, mit ästhetisch grauenhaften
Bildern. Meistens sind es Bilder mit dicker, weißer Schrift
auf schwarzem Hintergrund und einem roten Balken.
Aber der Herr hat sich – ohne dass er prominent war –
einen Stamm von Hunderttausenden LinkedIn-
Followern erarbeitet. Posts von ihm erreichen locker
ein paar Tausend Likes.

Was nützt ihm das? Neben seinem Status als
Influencer verwendet er LinkedIn als Recruitingtool.

Kraft seiner Bekanntheit postet er immer wieder Stelleninserate, die in kürzester Zeit von Tausenden von
potenziellen Bewerbern gesehen werden. Das ist günstiger als jedes Onlinetool.

Das Beispiel von Oleg dient dazu, Ihnen aufzuzeigen,
dass Sie auch ein bisschen experimentieren sollten.
Sie merken bald, was in Ihrem Netzwerk besser und was
weniger gut ankommt. Allerdings kann sich das im
Laufe der Zeit auch ändern.

Was auf jeden Fall wichtig ist: Setzen Sie regelmäßig
einen Post ab. Wie häufig, müssen Sie selber heraus-
finden. Es passiert auch nicht viel, wenn Sie mal zwei bis
drei Wochen aussetzen. Die Faustregel lautet: Posten
Sie immer etwas, wenn Sie etwas Relevantes entdecken.
Halten Sie also die Augen offen!

▶ *Lieber regelmäßig posten,*
  als auf den perfekten Beitrag warten.

Artikel

«Euer Artikel in Bezug auf meinen Tod
ist voller Übertreibungen.»
Mark Twain

Ein Artikel hat eine bedeutend längere Halbwertszeit als
ein Post und ist auch umfassender. Statt drei bis vier
Sätzen mit Bild entspricht ein Artikel einem Blogeintrag
und bedeutet auch mehr Arbeit in der Erstellung. Nur
schon das User Interface für die Erstellung zeigt Ihnen,
dass hier mehr Wert auf Schreiben, Struktur und Inhalt
gelegt wird.

Ein Artikel unterstreicht auch immer Ihr Renom-
mee und bleibt länger einsehbar (auch, da seltener
geschrieben). Fokussieren Sie sich in den Artikeln also
auf ein Thema, das Sie und Ihr Produkt oder Ihre
Dienstleistung klar positioniert, zum Beispiel auf eine
gute Kundengeschichte oder eine spannende mittel-
oder langfristige Beobachtung zum Markt.

Verzichten Sie auf Artikel, die nur aus wenigen
Sätzen bestehen oder nur mit einem Link zu einer
anderen Seite verweisen. Das wirkt wie Clickbaiting und
schadet Ihrer Reputation. Ein Artikel sollte genügend
«Fleisch am Knochen» vorweisen.

▶ *Artikel verdienen erhöhte Aufmerksamkeit.*
  Hier gilt: lieber wenige, dafür hochwertige.

Crossposting

«Zufall in der Wissenschaft ist, wenn man
mit der Schrotflinte in einen Heuhaufen
schießt und eine Nadel dabei trifft.»
Gerhard Uhlenbruck

Mit dem Aufkommen von mehreren Social-Media-
Plattformen sind Dienste entstanden, welche das gleich-
zeitige Hochladen von Inhalten auf mehrere Plattformen ermöglichen. Ein bekanntes Beispiel ist «if this
then that» (ifttt.com).

Diese Dienste ermöglichen es Ihnen, auf einfache Art
und Weise denselben Beitrag auf mehreren Kanälen
wie beispielsweise Facebook, LinkedIn und Instagram zu
veröffentlichen. In den meisten Fällen wirkt dies aber
etwas beliebig. So spielen beispielsweise Hashtags
eine wichtigere Rolle auf Instagram als auf LinkedIn, und
auch die Zielgruppen sind anders.

Was für Pressemitteilungen oder eher allgemeine
Informationen passend sein mag, wirkt für Ihre persön-
lichen Beziehungen eher abschreckend. Wir empfehlen,
Posts kanalspezifisch anzupassen und nur in wenigen
Fällen überall das gleiche hochzuladen.

▶ *Crossposting ist doof!*

Hashtags

Hashtags spielen auch auf LinkedIn eine Rolle, allerdings noch nicht so lange. Wenn Sie Posts, Artikel oder
sogar Ihr Profil mit einem Hashtag versehen, werden
Sie beim Suchen gefunden. Setzen Sie gelegentlich einige
Hashtags, welche das Thema eines Posts gut
umschreiben. Ebenso können Sie ein paar Hashtags
Ihrem LinkedIn-Profil hinzufügen (im Text), um beim
Suchen gefunden zu werden. Wenn Sie also beispielsweise Experte für Social Media sind, dann schreiben Sie
einfach #SocialMedia in Ihr Profil.

▶ *Hashtags sind nicht so wichtig.*

Firmenprofil

«Nur wer Profil hat, kann Eindruck
hinterlassen.»
Hans-Jürgen Quadbeck-Seeger

Wir haben früher im Buch erwähnt, dass wir uns ganz
auf Ihr persönliches Profil fokussieren, da sich Ihre
Beziehungen für Sie und nicht zwingend für Ihre Firma
interessieren. Trotzdem lohnt es sich, ein Firmenprofil
zu führen. «Offizielle» Neuigkeiten, Stelleninserate
oder Pressemitteilungen kann man auf diesem Kanal gut
veröffentlichen.

Ebenso ist ein Firmenprofil wichtig für Werbung
auf LinkedIn. Mittels Werbung können Sie – ähnlich wie
auf Facebook – Ihre Botschaft gezielt bei Ihrer Zielgruppe anbringen. Im Gegensatz zu Facebook sind auf
LinkedIn vor allem die Angaben zu Funktion, Firma
und Ort noch präziser und von höherer Qualität. Das
macht es spannender, aber auch teurer als Facebook.

Stellen Sie sicher, dass Ihr Firmenprofil gepflegt ist,
aber betreiben Sie keinen übertriebenen Aufwand.
Fokussieren Sie Ihre Aufmerksamkeit auf Ihre persönlichen Beziehungen. Ein paar kommunikative Mitarbeiter mit einem Flair für Social Media sind unter
Umständen die besten Sprachrohre für Ihre Firma.

▶ *Ein paar motivierte Mitarbeiter*
sind viel mehr wert als manche Agentur.

SSI – Social Selling Index

«Never index your own book.»
Kurt Vonnegut

Ein gutes Instrument ist der SSI oder Social Selling Index von LinkedIn. Unter www.linkedin.com/sales/ssi können Sie diese Seite direkt aufrufen und Ihren Wert ablesen. Der Wert ist normalisiert und befindet sich zwischen null und hundert. Spannend am SSI ist vor allem ein Aspekt: Er wird von LinkedIn selber zur Verfügung gestellt. Die Vermutung liegt nahe, dass ein hoher SSI von LinkedIn selbst belohnt wird, indem Inhalt von Personen mit hohem SSI eher angezeigt wird.

LinkedIn gibt Tipps, wie man sein Profil pflegt und somit seinen SSI steigert. Die Tipps sind ein guter Einstieg, um sein Profil weiterzuentwickeln. Wichtig ist am Schluss weniger die absolute Zahl als vielmehr, wie Sie relativ zu Ihrem Netzwerk und Ihrer Branche aufgestellt sind. Diese Zahl wird ebenfalls angegeben. Sie ist allerdings etwas verwirrend. Wenn steht, dass Sie in den Top 90 % Ihres Netzwerks sind, dann heißt das nett ausgedrückt, dass bloß 10 % einen noch tieferen Wert aufweisen als Sie. Wenn Sie LinkedIn aktiv nutzen wollen, sollten Sie hier einen Platz im oberen Bereich Ihres Netzwerks anstreben, also in den Top 25 %.

▶ *Der SSI-Wert ist spannend,*
  weil er direkt von LinkedIn stammt.

Werkzeugkasten:
So feilen Sie an Ihren Texten

«Schreiben ist leicht. Man muss nur die
falschen Wörter weglassen.»
Mark Twain

Der Text lebt! Das ist kein verzweifelter Hoffnungsschrei
eines Werbetexters, sondern eine Realität, die im Zeit-
alter der (bewegten) Bilder manchmal vergessen geht.
Ob Blogeintrag, Webseite, Flyer oder Firmenunterlagen:
Die meisten Teile Ihrer Geschichte werden Sie als Text
festhalten. Auch wenn Sie einen Film machen, brauchen
Sie Text. Vom Konzept über das Drehbuch bis zum
Storyboard.

Um wirkungsvolle Texte für Ihre Marketingaktivi-
täten zu bekommen, brauchen Sie zuerst eine packende
Geschichte (siehe Kapitel «Storytelling: Machen Sie noch
Werbung oder erzählen Sie schon?», Seite 35, bezie-
hungsweise Kapitel «Positionierung & Vision: Wo Ihre
Story beginnt», Seite 63). Sie bildet die Grundlage für

alle weiteren Texte. Haben Sie diese Geschichte, muss sie gut erzählt werden. Das hat viel mit Handwerk zu tun. Achtung: Grammatik, Stil und Rechtschreibung sind nur einige Faktoren, und für einen guten Text nicht einmal die wichtigsten.

Scheuen Sie sich nicht davor zu schreiben, auch wenn Sie sich in diesen Punkten nicht sicher fühlen. Dafür gibt es Lektorinnen und Korrektoren, die Ihre Texte preiswert überarbeiten.

Viel wichtiger ist es, dass Sie Interesse wecken, Spannung erzeugen, verständlich sind, Neues vermitteln und unterhalten. Erfüllen Sie nur schon einige dieser Punkte, erhalten Sie einen starken Text. In den nächsten Abschnitten dieses Kapitels geben wir Ihnen ein paar Werkzeuge aus der Texterstube, die Ihnen in diesen Punkten wertvolle Dienste leisten, auf dem Weg.

Kurz, kürzer, besser?

«Spannung ist Kaugummi fürs Gehirn.»
Alfred Hitchcock

Beginnen wir mit einer der häufigsten Fragen, denen wir
in unseren Workshops zum Thema Text begegnen.
Sie ist bezeichnend dafür, dass in vielen Fällen bereits vor
dem Schreiben die Prioritäten falsch gesetzt werden:
Quantität vor Qualität. Entscheidend ist aber Letzteres.

Die Länge für einen guten Text ist einfach zu
bestimmen. Der Text muss genau so lang sein, wie Sie
Spannung und Interesse aufrechterhalten. Ist er länger,
steigt der Leser aus. Ist er kürzer, verpassen Sie eine
Gelegenheit, Ihr Anliegen zu vermitteln und zu vertiefen.
Kurz: die Qualität gibt die Länge vor.

Der Tenor heute, dass Texte im Marketing und in
der Werbung kurz sein sollen, beruht auf zwei Gründen.

Erstens: Um aus der Masse an Information
(Werbung) herauszustechen, müssen Sie einen hohen
Reiz setzen. Die Schwierigkeit dabei ist, dass der Reiz
positiv besetzt sein muss, damit er sich für Ihr Unternehmen bezahlt macht. Auf dem Zürcher Bellevueplatz
die Hosen herunterzulassen und die Vorteile Ihrer Firma
vorzulesen, würde zwar die Aufmerksamkeit für eine
längere Zeit auf Sie ziehen, hätte aber eher eine negative
Langzeitwirkung (außer Sie verkaufen Unterwäsche).
Das Gros der Werbung schafft es nicht, die Reizschwelle
zu überschreiten. Deshalb werden Texte verzweifelt

gekürzt. In der Hoffnung, dass wenigstens die zwei, drei Sätze hängenbleiben, die dafür umso lauter geschrien werden.

Der zweite Grund liegt im Leseverhalten. Durch die Dynamik der Digitalisierung ist unser Leseverhalten sprunghafter geworden. Wir klicken uns von Informationshäppchen zu Informationshäppchen und folgen selten mehr einem langen Text von A bis Z. Wenn wir also von «langen Texten» innerhalb des Storytelling reden, ist es wichtig, diese gut zu portionieren.

Mit einer guten Textaufteilung zwischen verschiedenen Medienplattformen erreichen Sie, dass die gefühlte Lesemenge klein ist.

Tipp 1: Achten Sie auf die Qualität. Sie bestimmt die Länge eines Textes. Je höher die Qualität, desto länger dürfen die Texte sein.

Tipp 2: Teilen Sie Texte in Abschnitte auf. Eine Portionierung über verschiedene Kanäle reduziert die gefühlte Menge. Beispiel: erster Einblick in Artikel (200 Zeichen) auf LinkedIn, erste zwei bis drei Abschnitte auf Ihrer Webseite (400 Zeichen), ein- oder mehrseitige Dokumentation als PDF für den Download.

Tipp 3: Halten Sie sich an Vorgaben, sie beeinflussen die Menge. Es gibt technische Vorgaben, zum Beispiel für digitale Plattformen, wie SEO-Optimierungen für Webseiten, oder strukturelle Vorgaben bei Zeitungen oder anderen Publikationen, die eine gewisse Anzahl Zeichen vorgeben. Diese Vorgaben erleichtern die Arbeit für alle, ersparen Kürzungen und erhöhen die Chancen, dass man Sie für weitere Artikel anfragt.

Falls Sie keine Vorgaben zu einem Artikel oder einem Blogpost haben, halten Sie sich strikt an den Grundsatz, ein Text darf so lange sein, wie er spannend ist.

Tipp 4: Sollten Sie (und Ihre neutralen Probeleser) der Meinung sein, Sie können Spannung über mehrere Seiten aufrechterhalten, schreiben Sie ein Buch über Ihr Unternehmen. Es wird Ihr größter Verkaufstreiber werden.

▶ *Ein Text soll so lange sein,*
   wie er spannend bleibt.

Platzieren Sie die Bombe im Titel

«I influence anybody who is able to get
through the chaos of my first impression.»
Gary Vaynerchuk

Der Titel ist wichtig. So wichtig, dass er über Lesen
und Tod entscheidet. So wichtig, dass wir ihm ein ganzes
Kapitel widmen.

Haben Sie jemals nach einem Buch gegriffen, bei
dem Sie weder Cover noch Titel angesprochen hat?
Einen Artikel gelesen, der Sie schon bei der Überschrift
kalt gelassen hat? Wenn ja, haben Sie dies getan,
weil Ihnen der Inhalt bereits empfohlen wurde oder Sie
so sehr an der Thematik interessiert sind, dass Sie
sowieso alles darüber lesen.

Wenn Sie also potenzielle Neukunden erreichen
wollen, die noch nie von Ihnen gehört haben, brauchen
Sie einen packenden Titel. Der Titel ist wichtiger
als der erste Satz in einem Gespräch. In einem Gespräch
wird Ihr Gegenüber sich kaum nach dem ersten Satz
verabschieden. Sie können reagieren und im Verlauf der
Konversation noch das Interesse gewinnen. Bei einem
Text haben Sie diese Chance nicht. Der Empfänger wird
aussteigen, sobald kein Interesse mehr vorhanden ist.
Leider geschieht dies (zu) oft schon nach dem Titel, was
besonders schade ist, wenn der Text reichhaltig und
zielführend ist, sprich verkaufen würde.

Goethe soll einmal gesagt haben: «Ich schreibe dir einen langen Brief, weil ich keine Zeit habe, mich kurz zu fassen.» Ein Titel ist sehr kurz. Einen guten Titel zu finden, braucht dementsprechend Zeit. Aus Erfahrung empfehlen wir Ihnen für den Titel mindestens eine Stunde einzusetzen. Wenn Sie Glück haben, kommt Ihnen der Knaller schneller in den Sinn.

Tipp 1: Bestimmen Sie den Titel als Letztes.
Einen Arbeitstitel zu haben ist okay. Doch erst, wenn Sie den finalen Text haben, kennen Sie alle Inhalte. Vielleicht fällt Ihnen bei der letzten Überarbeitung noch ein wichtiges Element ein, das sich im Titel aufnehmen lässt. Wenn Sie den Titel am Schluss setzen, haben Sie ein größeres Spielfeld für Ideen.

Tipp 2: Greifen Sie Bekanntes auf. Nehmen Sie bekannte Zitate, Filmtitel, Redewendungen etc., die einen Bezug zu Ihrem Artikel haben, und geben Sie ihnen einen neuen Dreh. Dieser Dreh soll für Ihre Kernaussage einen Gewinn bringen. So erhalten Sie Aufmerksamkeit und geben schon einmal die Richtung vor. Beispiel: Ein Gastronomiebetrieb stellt einen neuen Sushi-Koch ein. Hier bietet sich «Der Herr der Klinge» an. Der Titel greift einen bekannten Film auf und macht schon eine erste Aussage über die Kompetenz des neuen Mitarbeiters. Wenn möglich, fügen Sie einen Untertitel hinzu (siehe Tipp 4).

Tipp 3: Spitzen Sie zu! Formulieren Sie den Titel so stark wie möglich. Ja, das heißt: Vereinfachen Sie. Relativieren dürfen Sie dann im Artikel. Beispiel: Ein Immobilienspezialist vertritt zum Thema verdichtetes Bauen die provokante These, dass es in den nächsten Jahren kaum mehr freistehende Einfamilienhäuser in den Städten geben wird. Für den Titel ist es zulässig – gar notwendig – die Aussage zuzuspitzen: «In Zentren wird es keine Einfamilienhäuser mehr geben.» Falls Ihnen dies zu ungenau erscheint, behelfen Sie sich mit einer Frage: «Zentren ohne Einfamilienhäuser?» Zugespitzte Titel sind vor allem dann eine gute Option, wenn Ihnen die Muße für einen spannenden, kreativen Titel fehlt.

Tipp 4: Arbeiten Sie mit zweiteiligen Titeln. Wenn Sie die Möglichkeit haben, einen Untertitel einzufügen oder einen längeren Titel zu setzen, zum Beispiel mit Doppelpunkt, nutzen Sie sie. Der erste Teil dient der Attraktion, der zweite Teil dient der Information. Beispiel des Gastronomiebetriebes aus Tipp 2: «Der Herr der Klinge: 45-jähriger Sushi-Meister ab März 2018 im [Lokalname].» So vermittelt der Betrieb bereits im Titel, ab wann und wo die neuen Köstlichkeiten genossen werden können.

▶ *Der Titel entscheidet über Lesen oder Tod.*

Der Klassiker: Die sechs W

«Ordnung ist die Verbindung des Vielen
nach Regeln.»
Immanuel Kant

Jeder Artikel sollte (muss) die sechs W beantworten.
Sie schaffen Orientierung und vermitteln die Grund-
informationen. Ohne sie fühlt sich der Leser verloren
(und steigt aus). Am besten beantworten Sie die meisten
der sechs W-Fragen bereits in der Einleitung und den
ersten Abschnitten.

Wer? Hier geht es um den Akteur beziehungsweise
den Absender. Wer handelt hier? Bei Unternehmen
dürfte dies meist die Firma sein. Besser: ein Vertreter der
Firma. Der Chef, der Inhaber, der Verantwortliche,
der Auszubildende, der Mitarbeitende – die Wahl der
Person richtet sich nach der Geschichte, die Sie erzählen.

Was? Die Firmengründung, das neue Produkt, der
Umbau, der Umzug, der Event: Führen Sie den Anlass
des Artikels mit einem klaren Satz ein.

Wann? Besonders wichtig, wenn Sie eine Geschichte
haben, die an eine bestimmte Zeit gebunden ist. Falls
Sie einen Artikel zu einem Thema schreiben, das lange
zurückliegt, schaffen Sie einen Aktualitätsbezug

und erklären Sie, weshalb Sie das Thema gerade jetzt aufgreifen.

Wo? Schaffen Sie Orientierung. Die Lokalisierung Ihrer Geschichte können Sie auch dazu nutzen, Ihr Image zu steigern. Gehört die Marke Schweiz zu Ihren Firmenwerten? Dann sprechen Sie von der Schweiz, wenn es um das Wo geht. Legen Sie Wert auf Regionalität? Dann erwähnen Sie die Region oder sogar das Dorf, wo sich Ihre Geschichte abspielt. Geht es gar um eine bestimmte Abteilung in Ihrem Unternehmen? Dann ist diese Abteilung die Antwort auf das Wo. Beim Wo haben Sie großen Spielraum innerhalb der Wahrheitsgrenze. Zoomen Sie hinein oder hinaus, je nachdem, was ihrer Geschichte zuträglich ist.

Warum? Auch das Warum bietet eine großartige Plattform, um Ihr Unternehmen glänzen zu lassen. Hier kommt Ihre Grundmotivation zum Tragen, die Sie in der Unternehmensgeschichte entwickelt haben (siehe Kapitel «Storytelling: Machen Sie noch Werbung oder erzählen Sie schon?», Seite 35, sowie Kapitel «Positionierung & Vision: Wo Ihre Story beginnt», Seite 63).

Wie? Das Wie ist ein fakultatives W. Mit der Beantwortung können Sie auf den Prozess eingehen, der zum Resultat geführt hat, das Sie kommunizieren möchten. Beispiel: Die Anstellung Ihres neuen Mitarbeitenden war mit Herausforderungen verbunden, die Ihr Unter-

nehmen erfolgreich gemeistert hat. So positionieren Sie
sich als Problemlöser, was bei Ihren potenziellen Kunden
gut ankommen dürfte.

Die W-Fragen gehören zu den Grundlagen des
Journalismus. Sie sind ausführlich dokumentiert, mehr
Informationen sind online frei erhältlich. Ein Artikel,
der diese Fragen beantwortet, erfüllt seine Pflicht.
Die Kür ist die gezielte Beantwortung in jene Richtung,
welche die Kernaussage Ihres Artikels stützt (siehe
Warum und Wie).

▶ *Orientieren Sie sich für Ihren Artikel*
   an den W-Fragen.

So wecken Sie Interesse

«Wer interessieren will, muss provozieren.»
Salvador Dalí

Gelesen wird, was interessiert. Hier müssen Sie anfangen
(siehe auch Abschnitt «Spannungsbrücke: Was Ihr
Unternehmen mit Star Wars zu tun hat», Seite 45), wenn
Sie mit Ihren Texten Erfolg haben wollen.

Was interessiert?

1. Alles, was man bereits kennt und über das man
noch mehr erfahren will.

2. Alles, was neu ist, aber von der eigenen Erlebniswelt nicht so weit entfernt liegt, dass man keinen Bezug
herstellen kann.

Was interessiert nicht?

1. Alles, was man zu kennen glaubt und worin man
(noch) keinen Nutzen erkannt hat.

2. Alles, zu dem man keinen Bezugspunkt hat.

Für den Erfolg Ihres Artikels ist es entscheidend, das
Zielpublikum zu kennen. Bei bestehenden Kunden und
Partnern, die Ihnen wohlgesinnt sind, ist die Schwelle
tiefer, die Sie überschreiten müssen, um Interesse
zu wecken. Diese Kunden kennen Sie und wollen noch
mehr von Ihnen erfahren, um die Zusammenarbeit zu
optimieren.

Wenn Sie einen neuen Lösungsansatz haben, der mit bekannten Prinzipien funktioniert, ist die Schwelle auch tief.

Beispiel: Sie haben ein neues Schleifgerät entwickelt, dessen Scheiben langlebiger sind. Ihre Kunden arbeiten bereits mit Schleifgeräten (gehört zu ihrer Erlebniswelt) und werden neugierig sein, weshalb Ihr neues Gerät schonender arbeitet.

Eine Herausforderung sind alle Fälle, wo noch kein Interesse vorhanden ist.

Nehmen wir das Beispiel einer Firma, die ein neues Kundenpflegesystem für Klein- und Kleinstunternehmen entwickelt hat und damit kleinere Firmen abholen möchte, die ihre Kunden noch mit einer simplen Tabellenkalkulation pflegen. Ist der Artikel nicht aus der Perspektive des potenziellen Kunden geschrieben und fokussiert er nicht klar auf die Vorteile, wird der Leser bereits beim Stichwort «Kundenpflegesystem» aussteigen. Er glaubt ja zu wissen, dass ein System für ihn keinen Sinn macht. Hier ist die Interessenschwelle dementsprechend hoch. Noch höher ist sie, wenn gar kein Bezugspunkt vorhanden ist. Sollten Sie etwas verkaufen wollen, zu dem Ihr Kunde noch überhaupt keinen Bezug hat, aber Sie sicher sind, dass der Bedarf vorhanden ist, benötigen Sie einen besonders starken Impuls.

So überschreiten Sie die Interessenschwelle:

Tipp 1: Vergleichen Sie Ihre vielleicht trockene Materie mit Elementen aus der Unterhaltungsbranche, die ähnlich funktionieren. Ziehen Sie Parallelen und erläutern Sie die Vorteile. Beispiel: «Was hätte ein guter Treuhänder für den Wolf of Wallstreet machen können?» Ein solcher Artikel klingt interessanter als einer mit dem Titel «Neuerungen bei der Mehrwertsteuer für Finanzdienstleister». Er kann aber die gleichen Inhalte haben, einfach spannender präsentiert.

Tipp 2: Schaffen Sie einen hohen Aktualitätsbezug. Nehmen Sie ein Top-Thema aus den Medien, das zu Ihrer Branche oder Ihrem Angebot passt, und zeigen Sie, wie Ihre Dienstleistung als Lösung funktionieren kann.

Tipp 3: Provozieren Sie! Beziehen Sie eine starke Position, die Fragen aufwirft und zur Diskussion auffordert. Als Druckunternehmen könnten Sie provokativ die Frage aufwerfen, wo eigentlich das viel zitierte «papierlose Büro» bleibt. Als Beratungsunternehmen schreiben Sie einen angriffigen Artikel über den Innovationshype und überzeugen mit Beispielen echter Innovation.

▶ *Interesse entsteht durch Verbindung von Bekanntem und Neuem.*

Unterhalten Sie, weil: Carpe diem!

«Kein Lesen ist der Mühe wert,
wenn es nicht unterhält.»
William Somerset Maugham

Mit Ihrer Botschaft tun Sie vor allem eines: Sie bean-
spruchen die wertvolle Zeit Ihrer (potenziellen) Kunden.
Die werden es Ihnen nie verzeihen, wenn Sie ihre Zeit
verschwenden. Sie werden Ihre Newsletter als Spam
markieren und blockieren, Ihre Mailings ungelesen in
den Müll werfen, in der Werbepause umschalten
und Ihre Anrufe schroff abwimmeln. Pech für Sie, wenn
es sich um potenzielle Zielkunden handelt. Noch
größeres Pech für beide, wenn Ihre Dienstleistungen
oder Produkte tatsächlich die ideale Lösung für ein
Problem gewesen wären!

Wenn Sie Werbung machen und damit die Zeit
anderer in Anspruch nehmen, können Sie nie sicher
sein, ob:

a) Wirklich alle Empfänger einen potenziellen Bedarf
haben.

b) Sie das richtige Timing erwischen. Wer den Kopf
voll hat mit privaten und geschäftlichen Problemen und
Ihren LinkedIn-Post liest, wird nicht gleich offen
sein wie jener, der seinen Suchfokus seit Tagen auf einer
Lösung hat wie jene, die Sie jetzt zufällig anbieten.

Zeit ist eine Ressource, die nicht erhöht werden
kann. Deshalb reagieren wir empfindlich auf alles, was

sie zu verschwenden droht. In früheren Zeiten, als die Lebenserwartung noch kürzer war, lautete das Motto nicht umsonst: Carpe diem! Nutze den Tag!

Nutzen auch Sie den Tag: Wer auch immer Ihre Botschaft erhält, sollte das Gefühl haben, dass es sich gelohnt hat, von Ihnen zu hören. Wenn der Empfänger keinen Bedarf hat, wird er an Sie denken, wenn der Bedarf kommt. Als guter Netzwerker wird er Ihren Namen im Hinterkopf haben, wenn er von einem Bedarf im Umfeld hört. Und er wird Ihren Namen in Gesprächen zu Themen ins Spiel bringen, die Ihr Unternehmen abdeckt.

Das Gefühl, dass es sich gelohnt hat, von Ihnen zu hören, erzielen Sie mit einem einfachen Mittel: Unterhalten Sie. Schon der französische Schriftsteller Nicolas Chamfort sagte: «Der verlorenste aller Tage ist der, an dem man nicht gelacht hat.»

Wenn Sie unterhalten, bleiben Sie positiv im Gedächtnis. Sie gewinnen im besten Fall einen Neukunden, im zweitbesten Fall einen Botschafter für Ihr Unternehmen und im schlechtesten Fall halten Sie eine Türe offen, was sich zu einem späteren Zeitpunkt als sehr wertvoll herausstellen kann.

Unterhalten Sie! Wie so oft ist das Prinzip einfach, die Umsetzung schwer. Unterhaltung ist eine große Kunst, die nur wenige beherrschen. Ihr Vorteil: Zahlreichen Mitbewerbern fehlt der Mut, dieses Instrument einzusetzen. Das senkt die Hürde für Sie. Im Folgenden erhalten Sie ein paar Tipps, mit denen Sie die Hürde spielend meistern.

Tipp 1: Seien Sie witzig, aber mit Köpfchen. Reime und Wortspiele mögen da und dort noch funktionieren, enden aber meist irgendwo zwischen Anbiedern und Fremdschämen. Setzen Sie auf Inhalte: Unterhalten Sie mit einem spannenden Vergleich, provozieren Sie mit einer kernigen Aussage oder setzen Sie eine richtig gute Pointe, die Ihr Angebot ins beste Licht rückt.

Tipp 2: Hören Sie nicht auf Ihr Bauchgefühl!
Möchten Sie jeden und jede als Kunden gewinnen? Haben Sie Angst, jemand könnte Ihren Auftritt nicht gut finden? Gehören Sie zu den Menschen, für die Marketing und Werbung primär ein Minenfeld ist, auf dem man alles falsch machen kann, anstatt eine wunderbare Möglichkeit, neue Kunden zu begeistern? Dann sollten Sie den Unterhaltungsteil jemand anderem im Unternehmen überlassen, dem Sie vertrauen. Sie werden bei jedem noch so kleinen Versuch, sich abzuheben, nur die Risiken sehen. Sie brauchen nicht alle Menschen als Kunden – nur jene, die einen echten Bedarf haben. Und wenn von zehn Leuten acht Ihren Humor gut finden und zwei sich abwenden, ist das die bessere Quote, als wenn Sie mit einem unterhaltungsfreien Mailing hundert Prozent der Empfänger kalt gelassen haben.

Tipp 3: Hören Sie auf Ihr Bauchgefühl! Sie haben Ihr Unternehmen mit einer gesunden Portion Risikobewusstsein gegründet. Sie wissen genau, welche Leute Sie als Kunden erreichen wollen. Und Sie wissen, dass Sie nicht alle glücklich machen können. Wenn das alles auf Sie zutrifft, haben Sie gute Voraussetzungen, mit Ihrem Bauchgefühl richtig zu entscheiden, zu welchem Zeitpunkt welche Art von Humor in welchen Portionen angebracht ist, und werden das wohl schon einige Male richtig entschieden haben.

Tipp 4: Der Vorbild-Test. Stellen Sie sich einen Redner, Politiker oder Prominenten vor, dem Sie ein gewinnendes, sympathisches Auftreten und hohe Redegewandtheit attestieren (inhaltlich müssen Sie nicht seiner Meinung sein). Können Sie sich vorstellen, dass er oder sie Ihre humorvolle Aussage vor Publikum oder in einer Kolumne verwenden würde? Wenn ja, weshalb zweifeln Sie? Ein profilierter Auftritt ist kein Zufall. Lernen Sie von Leuten, die Unterhaltung als bewusstes Stilmittel einsetzen und so Wähler, Zuschauer, Fans – oder eben Kunden – gewinnen.

Zum Schluss: Seien Sie mutig, experimentieren Sie, gehen Sie aus sich heraus. Menschen zu langweilen und ihre Zeit zu stehlen, ist das größere Verbrechen, als vielleicht einmal über das Ziel hinauszuschießen.

▶ *Unterhaltung ist der Königsweg für die Verbindung von Emotion und Information.*

Vermitteln Sie neue Einsichten

«Bei manchen Menschen besteht
keine Aussicht auf Einsicht.»
Reinhard Fondermann

Stellen Sie sicher, dass Ihr potenzieller Kunde nach
dem Erhalt Ihrer Botschaft entweder gelacht (Unterhaltung) oder zumindest etwas gelernt hat, das ihm weiterhilft. Dabei ist es nicht relevant, ob *Sie* die vermittelte
Information für relevant halten, sondern Ihr potenzieller
Kunde.

Ein klassisches Missverständnis in der Werbung ist
die Annahme, dass ein Unternehmen kommunizieren
müsse, was es gemacht hat. Richtig ist: Ein Unternehmen
muss kommunizieren, welches Problem es für den
potenziellen Kunden gelöst hat (oder lösen kann).

Seien Sie hier nicht zu geheimnisvoll, sondern
lassen Sie sich so tief in die Karten schauen, wie es Ihr
Geschäft erlaubt. Das gibt Ihrem möglichen Kunden
die Chance, zu verstehen (und zu glauben), dass Sie ihm
tatsächlich helfen können. Zudem: Mit einer neuen
Einsicht, die dem Kunden weiterhilft, haben Sie ihm
bereits einen Mehrwert geliefert – gratis. Diese
Vorinvestition schafft Vertrauen und erhöht die Wahrscheinlichkeit massiv, dass er Sie kennenlernen will.

Beispiel: Als Treuhänder haben Sie sich mit der
neuesten Steuerreform bis ins Detail auseinandergesetzt.
Zeigen Sie zwei bis drei der entscheidenden Knack-

punkte auf, die sich nicht so einfach googeln lassen. So geben Sie wertvolles Wissen weiter (Vorinvestition) und beweisen gleichzeitig Ihre Kompetenz. Weisen Sie auf zwei weitere Punkte hin, ohne die Lösung zu präsentieren, und offerieren Sie dem Empfänger, diese bei einem kostenlosen Erstgespräch zu vertiefen. In diesem Gespräch zeigen Sie fünfzig Prozent der Lösung betreffend dieser zwei Punkte auf, weisen auf weitere Herausforderungen für den potenziellen Kunden hin und positionieren sich als den passenden Treuhänder für diese Aufgabe.

▶ *Wer Einsichten vermittelt,*
   vermittelt Kompetenz.

Der Spagat: Treffen Sie den richtigen Ton

«Das Beste in der Musik
steht nicht in den Noten.»
Gustav Mahler

Du oder Sie? Locker-flockig oder wissenschaftlich-
seriös? Mit dem richtigen Ton schaffen Sie Nähe und
Vertrautheit. Das setzt voraus, dass Sie Ihren Markt
und die Kultur Ihrer Zielgruppe gut kennen. Kultur
meint hier nicht nur die geographische Herkunft,
sondern auch die gesellschaftliche – insbesondere Alter,
Bildung und Gepflogenheiten innerhalb der Branche.
Einfaches Beispiel: Während das «Sie» in der Schweiz im
Bankenwesen noch heute Standard ist, können Sie
bei der jungen Start-up-Szene im IT-Bereich durchaus
zum «Du» wechseln. Nebst der Ansprache spielen
Faktoren wie Wortwahl und Satzbau eine wichtige Rolle.
Auch hier besteht eine große Chance, durch Sprache
eine gewisse Nähe zu erzielen, die Vertrauen schafft.

Aber Achtung: Es gibt einen zweiten Punkt, den
Sie bei der Tonalität beachten müssen: Ihre eigene
Sprache beziehungsweise die Sprache Ihres Unternehmens, sofern Sie eine haben. Wenn Sie mit allen Kunden
aus Prinzip per Du sind, sollten Sie dies nicht ändern.
Bleiben Sie Ihrer eigenen Kultur treu. Damit wirken
Sie authentisch. Dasselbe gilt für die Wortwahl: Jugend-
sprache zu verwenden, um eine jüngere Zielgruppe
anzusprechen, macht nur dann Sinn, wenn sich diese

Sprache mit Ihrer Firmenkultur vereinbaren lässt. Sonst wirken Sie anbiedernd.

Falls Sie dennoch für eine bestimmte Zielgruppe mehr Nähe durch Sprache schaffen möchten, schaffen Sie eine neue Marke. Ein Beispiel dafür ist Swisscom. Das eher traditionelle Unternehmen hat mit Wingo einen eigenen Auftritt geschaffen, der ein junges Zielpublikum anspricht – natürlich per Du.

▶ *Die Tonalität muss immer zur Zielgruppe passen.*

Immer: Seien Sie glaubwürdig

«Glaubwürdigkeit ist doch eine einfache Sache:
Man sagt, was man tut, und man tut,
was man sagt.»
Daniel Dagan

Vertrauen. Hier schließt sich der Kreis von Social Selling
zum Storytelling. Nur wer glaubwürdig ist, kann erfolgreich langfristige Geschäftsbeziehungen aufbauen. Ob in
Ihrem Post auf LinkedIn, Ihrem Beitrag auf Facebook,
in einem Mailing oder in einem Zeitungsartikel: Präsentieren Sie Inhalte stets so, dass man Sie Ihnen ohne
große Fragezeichen abnehmen kann, indem Sie mindestens die beiden folgenden Punkte beachten:

Kompetenz.   Geben Sie stets die Grundlage Ihrer
Kompetenz an. Wenn Sie sich als Koch zur Quanten-
physik äußern, ist das erklärungsbedürftig, wenn Sie
glaubwürdig sein wollen. Erwähnen Sie, dass Sie in Ihrer
vorherigen Ausbildung einen Masterabschluss in Physik
erlangt haben, sofern dies der Wahrheit entspricht.
Hochschulabschlüsse funktionieren noch heute als
starkes Glaubwürdigkeitsmerkmal. Sie liefern sich ein
Kopf-an-Kopf-Rennen mit der Erfahrung, die vor
allem von Praktikern ins Feld geführt wird. Wenn Sie
sich zu einem Thema äußern wollen, zu dem Sie
selber keine Kompetenz mitbringen, setzen Sie einen
Kompetenzträger ein. Lassen Sie Ihre Botschaft durch

einen Experten formulieren. Herr Meyer von der Logistik, der seit zwanzig Jahren in Ihrem Unternehmen ist, wirkt unter Umständen glaubwürdiger, wenn es um einen Bericht über Ihr Lager geht, als Sie selber. Auch wenn Sie CEO sind und Herr Meyer einige Hierarchiestufen tiefer steht.

Motivation. Als Unternehmer wollen Sie Geld verdienen (hoffentlich). Leider bietet dieser Umstand alleine noch keinen Mehrwert für Ihren Kunden. Die Motivation, die in Ihrer Kommunikation immer im Vordergrund stehen soll, ist jene, die mit der Lösung für den Kunden zu tun hat – im Idealfall Ihre Vision (siehe auch Kapitel «Positionierung & Vision: Wo Ihre Story beginnt», Seite 63). Entweder haben Sie das Unternehmen tatsächlich mit dieser Motivation gegründet oder Ihren Job mit dieser Motivation angenommen, oder Sie haben sie auf Ihrem Weg bis heute entdeckt. Kaum ein Faktor verleiht eine höhere Glaubwürdigkeit als eine echte, innere Motivation.

▶ *«Ehrlich währt am längsten.»*
Auch beim Storytelling.

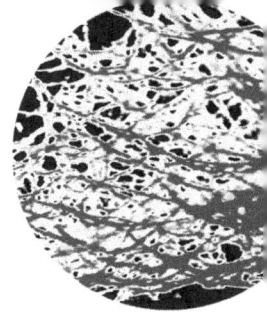

Social Selling angewandt

«All Together Now»
Lied von The Beatles

Nach diesen Erklärungen zu Storytelling und zur Funktionsweise von LinkedIn wird es nun Zeit, alles zusammenzubringen. Das Ziel ist und bleibt es, Kunden zu behalten und neue zu gewinnen.

Wir zeigen auf, wie Sie mit Beiträgen Aufmerksamkeit wecken und Engagement auslösen können. Ebenso zeigen wir Ihnen, wie Sie spezifische Kunden direkt angehen und Ihr Netzwerk gezielt erweitern.

Inhalte, die Engagement auslösen

«Es muss von Herzen kommen,
was auf Herzen wirken soll.»
Johann Wolfgang von Goethe

Nun wissen Sie in etwa, wie man etwas verfasst und
veröffentlicht. Die große Frage ist nun aber, was Sie
veröffentlichen sollen. Sie haben sicher einige Bekannte,
die auf Online-Medien sehr aktiv sind. Es werden
vor allem Artikel und Inhalte geteilt, die sie irgendwo
gefunden haben. In großer Regelmäßigkeit und meistens
zu einem engen Themenkreis, so eine Art Linkschleuder.
Dies lässt sich recht gut automatisieren, leider ist das
aber vor allem belanglos.

Was bewegt Menschen, auf Ihre Inhalte zu reagieren?
Wir haben viele Inhalte getestet und sind auf ein paar
Mechanismen gestoßen, welche zuverlässig Engagement
auslösen:

- Danken
- Gratulieren
- Fragen
- Bitten
- Schenken
- Humor

Es gibt viele weitere Mechanismen, um Engagement
auszulösen, aber damit kommen Sie schon mal recht

weit. Zu jedem Mechanismus geben wir ein Beispiel. Das macht das ganze Vorgehen klar.

▶ *Menschen reagieren online auf dieselben Themen wie offline.*

Danken. Sie wurden eingeladen, eine Keynote zu halten. Bitten Sie jemanden, ein Foto von Ihnen in Aktion zu schießen. Anschließend laden Sie dieses hoch und bedanken sich beim Veranstalter für die Einladung: «Danke, Handelskammer, für die Einladung nach Zürich und die spannenden Diskussionen über Bitcoin.»

Gratulieren. Sie lesen in der Zeitung, dass eine befreundete Firma einen neuen Kunden gewonnen hat. Gratulieren Sie zum Deal! «Herzliche Gratulation an CEO Ursula Meier und das Team der Firma XYZ zum neuen Kunden.» Viele der Angestellten werden darauf reagieren und Ihren Beitrag anschauen.

Fragen. Eine Frage ist oft ein guter Einstiegspunkt in eine Diskussion. Sie sind auf der Suche nach einem neuen Buchhaltungsprogramm und fragen zum Beispiel: «Wir würden gerne unsere Buchhaltung in die Cloud bringen, wer hat eine Empfehlung oder Erfahrungen mit solchen Diensten?» Je nach Thema werden Sie schnell einige verwertbare Feedbacks erhalten.

Bitten. Um etwas Konkretes bitten, funktioniert auch gut. Beispiel: Sie müssen eine Veranstaltung organisieren und Ihnen fehlt noch ein Redner. Bitten Sie um Hinweise: «Wir suchen noch einen Speaker zum Thema Innovation in Großfirmen. Wer kennt einen guten Redner oder eine gute Rednerin? Bin um Hinweise froh.» Menschen helfen gerne. Ihre Kontakte werden Ihnen sicher ein paar Vorschläge liefern.

Schenken. Sie haben eine Veranstaltung organisiert und haben noch ein paar Plätze frei. Posten Sie: «Für das Social Entrepreneur Forum haben wir noch zwei letzte Plätze frei. Für Personen mit einem Social Start-up gratis!» Menschen empfehlen solche Sachen gerne Personen weiter, bei denen sie das Gefühl haben, das könnte für diese interessant sein.

Humor. Ein bisschen Humor ist immer gut! Teilen Sie aber nicht einfach den Witz des Tages (außer, er ist wirklich außerordentlich gut). Fokussieren Sie sich auf Begebenheiten aus Ihrem geschäftlichen Alltag.

Allgemein kann man sagen: Entwickeln Sie ein Gespür für Situationen, die mittels Social Media verwertet werden können. Sie sind Ihr eigener Hofreporter und müssen nur Ihre Augen offen halten und wachsam bleiben. Der Aufwand dazu beschränkt sich auf wenige Minuten in der Woche. Ob das nun ein besonderes Firmengebäude ist oder ein spannendes Meeting, es gibt so viele Möglichkeiten für Fotos, welche Sie dann online wieder verwerten können.

Kontakte knüpfen

«Menschen leiden, die Kontakte meiden.»
Michael Marie Jung

Das erste Ziel für einen Verkauf im Firmenkundengeschäft ist immer eine Besprechung, um die Beziehung zu
vertiefen und das Angebot zu erläutern. Das heißt, Sie
wollen sich mit Kunden verknüpfen, um allenfalls einen
Termin zu vereinbaren. Die aggressive Art ist, sich
einfach mit Personen zu verbinden, auch wenn Sie diese
nicht kennen. Die Erfahrung zeigt, dass dies zum Teil
funktionieren kann, ist aber typabhängig. Nur etwa die
Hälfte der Anfragen wird akzeptiert.

Ebenso gut kann funktionieren, wenn Sie einen
gemeinsamen Kontakt identifizieren können und bei
diesem nachfragen, ob er oder sie Sie vorstellen
könnte. Wie in den amerikanischen Mafiaserien funktioniert eine Vorstellung à la «He's a friend of ours»
immer noch am besten.

Besser ist es, die Beziehung gezielt aufzubauen. Wenn
Sie jemanden konkret angehen möchten, reagieren
Sie auf dessen Beiträge zum Beispiel mit einem guten
Kommentar oder einer Frage. Wenn eine Reaktion
erfolgt, ist der Zeitpunkt für eine Kontaktanfrage ideal.
Dieser Kontakt befindet sich nun in Ihrem Netzwerk
und erhält immer wieder mal Beiträge von Ihnen in
seinem Feed.

Viele Ratgeber empfehlen zusätzlich, sich bei einer Kontaktanfrage mittels persönlicher Mitteilung kurz vorzustellen. Das ist okay, wenn Sie wirklich etwas Persönliches dazu schreiben. Ansonsten ist es den Aufwand nicht wert, da Sie mit einer «Copy-Paste-Nachricht» keinen wesentlich besseren Eindruck erwecken als mit gar keiner Nachricht.

Auch wenn wir davon abraten, wild Kontakte anzugehen, für den konsequenten Aufbau Ihres Netzwerks sind die Anzahl der Kontakte einer der wichtigsten Faktoren. Wenn Ihnen niemand zuhört, sind auch die besten Geschichten nichts wert. Die meisten Personen akzeptieren Anfragen, wenn sie einen Sinn darin erkennen, zum Beispiel weil Sie in einer ähnlichen Branche sind, eine spannende Tätigkeit ausüben oder einfach nur, weil Sie ein ansprechendes Profil vorweisen. Probieren Sie ein paar Ansätze aus und lassen Sie sich nicht entmutigen, wenn jemand eine Anfrage nicht beantwortet. Falls diese Person Sie später mal trifft, wird er oder sie sich garantiert nicht daran erinnern können.

▶ *Mehr als einen Korb können Sie sich auch online nicht holen.*

Kunden suchen

«Ladenhüter suchen interessierte Schafe.»
Erhard Horst Bellermann

Nun wissen Sie, was Sie posten und wie Sie Kontakte knüpfen. Die große Frage ist nun: zu wem? Wie bei jedem Verkaufs- oder Marketingvorgehen ist die Segmentierung der Kundengruppe wichtig. Machen Sie eine Liste von Branchen oder Firmen, und suchen Sie diese gezielt auf LinkedIn. Sie werden erstaunt sein, wie viele Personen Sie finden, auch wenn Sie vielleicht nur wenige auf LinkedIn vermuten.

Speichern Sie sich die Links (oder die Suche), so dass Sie später wieder darauf zugreifen können. Das Schöne an LinkedIn ist, dass die Datenqualität relativ hoch ist. Die meisten der angegebenen Daten (Ort, Arbeitgeber, Beruf etc.) sind im Gegensatz zu Facebook echt. Wer lügt schon über seinen Arbeitgeber? Statt für Verzeichnisse zu bezahlen, finden Sie somit schnell, zielgerichtet und bequem die Kontakte, welche für Sie interessant sein könnten.

▶ *Schauen Sie mal, ob Sie ein paar mögliche Kunden finden. Wenn ja, dann sind Sie hier richtig!*

Gezielte Interaktion mit dem Sales Navigator

«Das Leben ist kein Geschäft,
wohl verstanden aber ein Austausch.»
Raymond Walden

Wenn Sie beispielsweise die Firma Müller AG angehen
möchten und bis dato nicht weitergekommen sind,
lohnt es sich, Mitarbeiter und Entscheidungsträger
direkt zu beobachten. Wenn beispielsweise der Head of
E-Learning sich regelmäßig zu gewissen Themen äußert,
interagieren Sie mit dessen Beiträgen und versuchen,
eine Beziehung zu entwickeln.

Seien Sie sich aber bewusst, dass dies nicht auf allen
Hierarchiestufen funktioniert. In den oberen Chargen
werden teilweise diese Social Media Accounts von Dritt-
personen betreut. Sie wollten ja zum Head of E-Learning
von Müller AG und nicht mit einem Mitarbeiter der
Agentur XY verkehren.

Ein Tool, welches Sie dabei unterstützen kann,
ist der Sales Navigator von LinkedIn, der ist allerdings
kostenpflichtig. Der Sales Navigator vereinfacht das
Suchen und Verfolgen von möglichen Leads und deren
Aktivitäten. Seien Sie aber unbesorgt, alles, was der Sales
Navigator kann, können Sie auch ohne ihn erledigen.
Es braucht einfach ein wenig mehr Aufwand.

▶ *Schauen Sie, was Ihre möglichen Kunden interessiert,*
und reagieren Sie darauf.

Zusammenfassung

«Das Gedächtnis der Menschen
ist so furchtbar kurz.»
Bertha von Suttner

Neben der Pflege Ihres Profils ist eine regelmäßige
Aktivität mit hohem Engagement das Wichtigste. Indem
Sie Beiträge posten, Artikel schreiben oder mit anderen
Beiträgen interagieren, legen Sie den Grundstein dafür.

Ihre Aktivität ist die Voraussetzung für die eingangs
erwähnten drei Punkten, die Social Selling ausmachen:

- Aufmerksamkeit wecken
- Online Beziehungen knüpfen und pflegen
- Die Netzwerke Ihres Netzwerks aktivieren

Erstens wecken Sie damit Aufmerksamkeit von potenziellen Kunden. Wenn ein Beitrag auffällt oder Interesse
weckt, steigt die Wahrscheinlichkeit, dass die Person
sich Ihr Profil und somit Ihr Angebot genauer anschaut.

Zweitens pflegen Sie Ihre Beziehungen. Auch
wenn Sie jemanden nur einmal getroffen haben: Wenn
Sie regelmäßig zum selben Thema in seiner Timeline
auftauchen, wird er oder sie Ihren Namen mit dem
Thema verknüpfen. Sollte sich mittelfristig ein Bedürfnis
nach einer Dienstleistung manifestieren, sind Sie
zumindest mal auf der Shortlist.

Und drittens wird eine gute Geschichte, die gut
erzählt ist, geteilt, und Sie dringen zu neuen Kunden,

Geschäftspartnern oder einfach spannenden Menschen vor. Ihr Netzwerk verhilft Ihnen so zu neuen Kontakten.

Viel Erfolg!

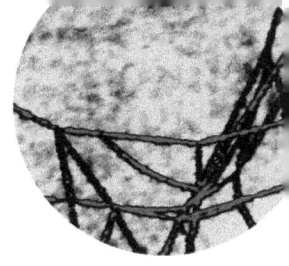

Schlusswort

Erfolgreich Verkaufen ist eine Frage des Auftritts, der Beziehungen (Netzwerk) und der Kompetenz, die man vermittelt. Das ist in der Zeit der Digitalisierung nicht anders, als es früher auf dem Marktplatz war – nur die Plattformen sind andere.

Nach der Lektüre dieses Buchs haben Sie einen ersten Einblick gewonnen, wie Sie sich auf einer der wichtigsten Plattformen der heutigen Zeit präsentieren und mit potenziellen Kunden erfolgreich in Interaktion treten können.

Von der Erstellung des Profils über die treffende Positionierung bis zur Erarbeitung und Publikation überzeugender Verkaufsgeschichten: Der Einsatz dieses Buchs in Ihrem Alltag wird sich in Ihrem Geschäftserfolg widerspiegeln.

Apropos Wichtigkeit des Netzwerkens: Die beiden Autoren dieses Buchs haben sich an einem Unternehmertreffen in Zürich kennengelernt. Aus *Social Selling meets Storytelling* hat sich eine spannende Zusammenarbeit in Form von Workshops entwickelt, die schon zahlreichen Kunden den Weg zur effektiven Nutzung von LinkedIn als Akquise-Tool aufgezeigt hat.

Wir wünschen Ihnen viel Freude und Erfolg beim Netzwerken!

Über die Autoren

Flurin Capaul. Ob in Zürich, New York, Toronto oder Singapur: für Flurin ist das Spannendste im Leben, neue Leute kennenzulernen. Beziehungen sind matchentscheidend im Business, und nichts macht so viel Spaß, wie zwei Personen bekannt zu machen, die ein gemeinsames Thema haben.

Die wichtigsten Stationen: Matur, Abschluss am Abendtechnikum als Informatik-Ingenieur, Kryptologe im Militär, Software-Architekt, Start-up-Gründer im Impact Hub, Experte für Verkauf und Netzwerke. Seit 2015 damit beschäftigt, mit künstlicher Intelligenz Beziehungen und Netzwerke im Business nutzbar zu machen.

Marc Schwitter. Ob als Student oder Fließbandarbeiter, als Bankangestellter oder Zivildienstleistender, oder als Journalist und Werber: Marc Schwitter war schon immer dort am liebsten, wo die besten Geschichten herkommen. Und das ist mitten im Leben.

Die wichtigsten Stationen: 2005 lic. phil. der Anglistik, Philosophie und deutschen Literatur an der Universität Zürich. Während des Studiums freischaffender Journalist, Sales- und Marketingassistent bei Hewlett-Packard sowie Zivildienst in einer psychiatrischen Klinik und einem Kinderheim.

Seit 2011 Texter und Marketingberater mit PING PONG Text + Konzept – www.textpingpong.ch

Danksagung

Würde ich allen danken wollen, die mich bei diesem Unterfangen mit Rat und Tat oder Bier und Wein unterstützt haben, würde ich noch ein weiteres Buch schreiben müssen. Deshalb: Ich danke Euch allen herzlich!

Ein großes Merci geht all die tollen Menschen aus dem Impact Hub. Mit Euch hat der Begriff «kollaborativ» eine neue und radikale Bedeutung angenommen.

Bekanntlich steht hinter jedem erfolgreichen Mann eine Frau. Hinter mir steht eine ganze Reihe von Frauen: Barbara, Carlina, Marleina, Maria und noch zwei weitere Damen, deren Namen ungenannt bleiben wollen.

Mein Dank geht auch an Magen, Leber und Ohren meiner engsten (und trinkfestesten) Freunde, die mit mir jährlich wursten und sich dabei allerlei anhören müssen.

Ein großes Danke an Mom and Dad, denn ohne Euren Mut, die Schweiz zu verlassen, wäre ich heute nicht da, wo ich bin.

Und last but not least: Danke Marc! Ohne Dich – kein Buch.

Mein Dank geht an folgende Freunde und Unternehmer, ohne die dieses Buch nicht möglich gewesen wäre:

Christian Sidow, für die inspirierende Einführung ins Handwerk des Werbetextens.

Markus Sidler, für die Begleitung auf meinem Weg in die Selbstständigkeit.

Sandro Trovato, für die Vermittlung seiner Faszination für den Verkauf.

Flurin Capaul, für all die spannenden Workshops sowie das Feuer, dieses Buch anzupacken.

Chapter BNI Seefeld, für die Unterstützung in meiner Weiterentwicklung als Unternehmer.